U0909062

苦难守恒定律

苦难是成功的垫脚石

谢 普◎编著

华龄出版社
HUALING PRESS

责任编辑：梅　剑
责任印制：李未圻

图书在版编目（CIP）数据

苦难守恒定律：苦难是成功的垫脚石 / 谢普编著
. -- 北京：华龄出版社，2021.4
ISBN 978-7-5169-1863-0

Ⅰ. ①苦… Ⅱ. ①谢… Ⅲ. ①成功心理—通俗读物
Ⅳ. ① B848.4-49

中国版本图书馆 CIP 数据核字（2021）第 000803 号

书　　名：苦难守恒定律：苦难是成功的垫脚石
作　　者：谢　普　编著

出版发行：华龄出版社
地　　址：北京市东城区安定门外大街甲 57 号　**邮　　编：**100011
电　　话：010-58122246　**传　　真：**010-84049572
网　　址：http://www.hualingpress.com

印　　刷：三河市元兴印务有限公司
版　　次：2021 年 4 月第 1 版　2021 年 4 月第 1 次印刷
开　　本：710mm × 1000mm　1/16　**印　　张：**16
字　　数：250 千字
定　　价：39.80 元

目 录

Contents

定律1 逆境能打败弱者而造就强者

定律2 弱者埋怨逆境，强者克服逆境

定律3　激发困境中的斗志

定律4　发自内心的束缚

定律5　坦然宁静的心态

定律6　称赞是抵达人类灵魂的爱

定律7　自我察觉，情绪管理空间

定律8 不要被所谓的规则而轻视

定律9 时间会给你一个完美的答案

定律10 心态的决定性因素

定律11 意念之间的思考

定律 1

逆境能打败弱者而造就强者

要经过一番苦难才能成才

生活有时候会让我们遍体鳞伤，但到后来，那些受伤的地方一定会变成我们最强壮的地方。我们会在创伤中逐渐成长，并趋于成熟。

人生并非一帆风顺。我们都是经过挫折、尝试、创伤而逐渐成熟。爱默生说过："我们的力量来自我们的软弱，直到我们被戳、被刺，甚至被伤害到疼痛的程度时，才会唤醒那被包藏着神秘的力量。只有这些力量被摇醒、被折磨，便激励我们学习一些东西了。此时我们会运用自己的智慧，发挥自己的刚毅精神，学会了解事实真相，从自己的无知中学习经验，磨炼自己的意志，最后，学会调整自己并且掌握真正的技巧。"

人生就像一条河，而我们就是游弋在河中的水手。在河流中泅渡免不了会受些伤，只有不怕河中的滔天巨浪，不怕在渡河中淹死，才可能游到成功的彼岸。

当伤害如利箭射来，痛彻心扉，已经够惨了，若不知疗伤止痛，会让伤口无法结痂复原，岂不是欠缺些智慧？对于外界所起的变化，要能既不洋洋得意于顺境，亦不沉湎于痛苦的逆境，这不是一件容易的事。当我们面对人生时，总是携带着快乐和痛苦、悲哀与幸福，这些都是使人成熟的岁月的标记，也是心灵的刻痕。走过人生才会发现，原来，创伤也是一种成熟，而成熟就是一种美。

马云是阿里巴巴与淘宝网的老板，如果我们留心马云的创业史，就会发现他其实历经了太多的曲折坎坷。难怪马云在做《赢在中国》评委时，会发出这样的感慨："对所有创业者来说，永远告诉自己一句话：从创业的第一天起，你每天要面对的是困难和失败，而不是成功。我最困难的时候还没有到，但有一天一定会到。困难是不可能躲避的，不能让别人替你去扛。多年创业的经验告诉我，任何困难都必须你自己去面对。创业者就是要面对困难。"

让我们追随马云创业的脚步，去体味他脚步的踉跄与坚毅。马云的第一次创业是在 1992 年，在杭州某学院当英语老师的他和同事筹集了 3000 元钱，开办了海博翻译社，但开业的第一个月总收入才 700 元。为生存下去，马云背着大麻袋到义乌、广州去进货，海博翻译社开始卖鲜花、卖礼品等，最终因效益不理想而放弃了这次创业。1995 年年初，马云辞了公职，创立了一个叫"中国黄页"的网站。在经营"中国黄页"的时候，马云遇上了一个重量级对手——注册资本是 2.4 亿元人民币的中国电信浙江杭州分公司（马云的"中国黄页"的注册资本是 5 万元人民币）。在完全不对等的实力较量中，"中国黄页"将资产折合成 60 万元人民币，占 30% 的股份；杭州电信投入资金 140 万元人民币，占 70% 的股份进行了股份制改造。马云本以为有了 140 万元人民币注入就可以大干一场，但后来才发现这是一场灾难，原来对方出 140 万元只是想把他这个竞争对手控制住。在董事会里面对方是 5 票，而马云这方只有 2 票，每次开董事会，马云总是面临 2 比 5 的制约，开会很多次也通不过决议。马云这时才醒悟：自己拿到了钱却丢掉了自己最宝贵的自主权。处于尴尬中的马云，与杭州分公司的"婚姻"仅维持了一年，就主动放弃了自己的公司。马云的第二次创业没有成功，但他从这次经历中总结出教训：企业家不能被资本控制。同时，当他后来有了雄厚的资本后，也推己及人地不用资本去控制自己所支持的创业者。

马云在经历两次创业挫折后，马上又全身心地投入到了第三次创业中。1997 年年底，他受国家外经贸部的邀请，北上给外经贸部做网站，让外经贸部成为中国第一个上网的部级单位。马云在北京租了一个不到 20 平方米的小房间，没日没夜地干活。"中国第一个网站交易市场是我们做的，第一个进出口交易所是我们做的。政府和我们这些人合作得很愉快。"马云曾经这么说。但是后来，由于在业务的方向是帮助中小企业还是大企业上出现分歧，马云无比苦恼，这次合作最终也以失败告终。1999年年初，马云回到了杭州。尽管公司赚了287万元的利润，但是马云除了工资之外没有拿到任何红利。关于这场风波的缘起，有各种版本，但根据马云自己的说法，是因为他没有分清朋友和上下级的关系。他反省了自身，认为在今后的创业中，应该清楚地区分好朋友与上下级关系。

经历了那么多的磨难与挫折后，1999 年 3 月，马云回到杭州创办阿里巴巴网站。这一次，他终于成功了！

对于如何面对创业的坎坷，马云这么说："所以对于我来讲这十年以来任何失败、成功，取得的这些经历是我最大的财富，有的时候可能要失败，有的时候不失败。比方说雅虎的并购，我们前期没有想过，在并购的时候没想到那么大麻烦，麻烦被一个一个地解决后往前走这就是一个经历，失败了也是经历。人一辈子不会因为你做过什么而后悔，很多的时候因为你没做过什么而后悔。创业者的心态要平衡好，你从第一天创业的时候要知道自己走的路是曲折的。"

大凡伟大之人，总有一段刻骨铭心的磨难、挫折之经历。有人说"挫折是弱者的地狱，强者的阶梯，智者的故乡，伟人的天堂"，此话不假。亨利·福特在进军汽车行业的前三年，破产过两次；美国大百货公司梅西百货曾经七次遭遇"转折点"，也就是一般人所说的失败，最后终于取得成功；莱特兄弟在经历了数百次失败的试验以后，才驾驶着人类第一架动力飞机飞上了蓝天。

弱者在错误中懊悔、倒下，而强者在错误中学习、成长。马云常常开玩笑，说他在经营阿里巴巴前已经犯下一千零一个错误。对于马云这样的强者来说，经历了那么多错误，将会增长多少智慧啊。"武林高手比的是经历了多少磨难，而不是取得过多少成功。"

斯巴昆说："有许多人一生之所以伟大，那是来自他们所经历的大困难。"精良的斧头、锋利的斧刃是从炉火的锻炼与磨削中得来的。很多人具备"大有作为"的才智，但是，由于一生中没有同逆境搏斗的机会，没有被困难充分磨炼，不足以刺激起其内在的潜能，以至于终生默默无闻。

蚕蛹在成为蝴蝶之前，会经历痛苦的蠕动和挣扎，只有这样，它才能蜕变出美丽的翅膀和轻盈的身体。化蝶之理，对人亦同！也许在获得成功之前，我们都会必不可少地经历痛苦，可只有在痛苦过后，品尝到的幸福才更香、更甜！

其实在生活中，很多时候我们就如那小小的蛹，经常陷于一种生存的窒息状态，或是处于绝望的境地。这就需要我们用智慧和良好心态去突破将自己包裹起来的厚重外壳，尽管这一过程会很痛苦，但于生命的重生，它又实在是一种必需。所以破茧成蝶，是人生的一种境界。能够破茧成蝶，就会有重获新生的欢愉和快慰。

结果方式的改变

在我们周围，不知道有多少人把自己所取得的成就归功于自己所遇到的艰难和困苦。如果没有各种各样的阻碍与失败的刺激，他们也许只会发掘出自己才能的一半，甚至还不到；但一旦遇到巨大的困难与失败的刺激，他们就会把他们的全部才能激发出来。当面对巨大的压力时，如突如其来的变故和重大的责任压在一个人身上时，隐藏在他生命最深处的种种能力，就会如火山般喷涌而出，帮助他做出原本不可想象的大事来。历史上有过无数这样的例子。

一个偶然的机会，在伊黛和邓肯太太合作成立的“少女公司”，生产出一种在当时很“前卫”的胸罩，在市场上十分走俏，所产生的巨大利益空间吸引竞争者们纷纷加入。为了增强竞争力，伊黛打算暂时不分配利润，并尽可能借钱，购买机器设备，雇用员工，扩大生产规模。

邓肯太太只是一个普通的家庭妇女，不像伊黛那么有野心，她对现在赚到的钱已经心满意足了，而且担心举债经营会赔掉已经到手的成果。她坚决要求及时分配利润。两人的意见发生严重分歧，只好散伙。

当时，公司刚刚以分期付款方式购置了一批新设备，两人散伙后，现金全被邓肯太太带走，伊黛还得借一笔钱支付她的红利，这样，公司只剩下一些机器和一大笔债务，陷入无米下锅的窘境。伊黛出去找新的合伙人，没有人愿意答应；向人借钱，得到的回答都是“不”。这场内讧使人们误以为“少女公司”的生产经营遇到了严重阻碍。更糟糕的是，不明真相的债权人纷纷登门逼债，让伊黛穷于应付。许多员工以为公司大势已去，纷纷跳槽，200 多名员工最后只有 30 多人留下来。

伊黛遭此打击，难免灰心丧气；但她知道，唉声叹气对结果没有任何好处，只能多想想解决问题的办法。经过几个不眠之夜的反复思考，伊黛确定了“安定内部、寻找外援”的思路。

首先，她设法稳住留下来的几十个员工，不给外界一个“已经倒闭”的印象。她开诚布公地向员工们说明了公司的真实情况，并宣布将十分之一的股权分配给他们。这样，员工离职的现象就再也没有发生了。

接下来，伊黛积极筹措资金，经过多次碰壁后，她从银行家约翰逊那里获得了 50 万美元贷款。有了资金，“少女公司”立即焕发生机，它的业务成长得比以前更快。

在伊黛不断的努力经营之下，“少女公司”的产品从胸罩扩大到睡衣、泳装、内衣等，产品畅销 100 多个国家，最终“少女公司”成为一家世界性著名的大公司。

伊黛作为一位杰出的女性，她对坚强的理解更为深刻，并以此来告诫她的子女：“当坏事已经降临，悔恨、抱怨、痛苦没有任何意义，唯有从事情变坏的原因着手，设法改变它，以免事情变得更坏和同样的坏事再一次发生。这才是有意义的做法。”

任何一件事都由许多要素构成，没有哪件事能够全部做对或全部做错。所谓失败，通常只是某些应该做好的事情没有做好，并不是一无是处。只要认识到失败的存在，找到原因，搞清哪些事情没有做好，下次加以改进，同样的失败就不会再发生了。如果确实是因能力不足所致，也要以比较平静的心情接受失败的结果，吸取教训，但不要因懊恼而损害自己的心灵及身体。

困境造就人才

在法国里昂的一次宴会上，人们对一幅是表现古希腊神话还是历史的油画发生了争论。主人眼看争论越来越激烈，就转身找他的一个仆人来解释这幅画。使客人们大为惊讶的是，这仆人的说明是那样清晰明了，那样深具说服力。辩论马上就平息了下来。

“先生，您是从什么学校毕业的？”一位客人对这个仆人很尊敬地问。

“我在很多学校学习过，先生，”年轻人回答，“但是，我学的时间最长、收益最大的学校是苦难。”

这个年轻人为苦难的课程付出的学费是很有益的，尽管他当时只是一个贫穷低微的仆人，但不久以后他就以其超群的智慧震惊了整个欧洲。

他就是那个时代法国最伟大的天才——法国哲学家和作家卢梭。

人的一生中，每个人都曾沐浴幸福和快乐，也会经历过坎坷和挫折。幸福快乐时，我们总是感觉时间短暂；而痛苦难过时，我们却抱怨度日如年。但无论快乐也好，痛苦也罢，都是人生中不可避免的一堂必修课。

唐朝宰相裴休是一位虔诚的佛教徒，他的儿子裴文德，天资聪颖，博学多才，年纪轻轻就中了状元，被皇帝钦点为翰林。但裴休知道，儿子从小就在安逸的环境中长大，不知世苦，太快就飞黄腾达，难免根基不牢，因此就把他送到寺院里修行参学，并要他先从行单（苦工）上的水头和火头做起。

裴文德住在寺院里，天天挑水砍柴。他从小到大，哪干过这种苦活，几天下来，弄得身心疲惫、烦恼重重，只因父命难违，不得不强自隐忍，心里却不甘不愿，经常发些牢骚。

有一天，他好不容易把水缸挑满，累得浑身大汗，放下扁担，随口就来了两句诗以发泄心中的苦闷：“翰林担水汗淋腰，和尚吃了怎能消？”

寺里的住持无德禅师刚巧从此路过，听到裴文德的牢骚话，不禁微微一笑，也念了两句偈：“老僧一炷香，能消万劫粮。”

裴文德听了不觉一惊：他诗中的“汗淋”与“翰林”谐音，颇具才思，但跟无德禅师偈语中显示的宏大气魄相比，犹如滚滚波涛中的一朵小浪花，是那么微不足道。由此他知道了自己的浅薄，从此收束身心，安心劳作，勤修心性，受益匪浅。

苦难在每个人的生命中都必不可少，世上之人也都各有各的无奈。然而，没有苦难的人生绝不是完美的人生，没有历经苦难的生命也绝不会完整。

一天，有个小孩凑巧看到一棵小树上有一个茧在蠕动，好像有飞蛾要从里面破茧而出。小孩觉得很好奇，于是他饶有兴趣地停下来，准备见识一下由蛹变飞蛾的过程。

但随着时间一点点过去，飞蛾在茧里奋力挣扎，但却一直不能挣脱茧的束缚，似乎是再也不可能破茧而出了。小孩子变得不耐烦了，心想，我干脆帮它个忙吧。于是，他就用一把小剪刀，把茧上的丝剪了一个小洞，让飞蛾摆脱束缚容易一些。果然，不一会儿，飞蛾就从茧里很容易地爬了出来，但是它身体非常臃肿，翅膀也异常萎缩，耷拉在两边伸展不起来。

小孩想看着飞蛾飞起来，但那只飞蛾却只是跌跌撞撞地爬着，怎么也飞不起来，过了一会儿，它就死了。

苦难是一所最好的学校。没有经历痛苦的洗礼，飞蛾就会脆弱不堪，最终不能变成美丽的蝴蝶扇动美丽的翅膀在花团锦簇间自由飞翔。

只有经历过苦难的人才能以更顽强、更成熟、更加勇敢的姿态来面对世间纷扰。人的才能需要在吃苦中磨炼，人的意志需要在吃苦中砥砺，人的情感需要在吃苦中成熟，人的阅历需要在吃苦中丰富，真正的快乐和幸福也只能从吃苦中收获。

苦难是一所最好的学校。经历了苦难，勾践才能一举灭吴；经历了苦难，李嘉诚才有了他亚洲首富的传奇；经历了苦难，比尔·盖茨才终成一代商业奇迹；也是经历了苦难，塞万提斯才终写成了一部不朽之作《堂吉诃德》。生活中，遭遇了苦难不要懊恼，正视苦难带给你的成长，它会成为你人生中一笔不可多得的财富。

烦躁时，就给心灵放个假

一位大学教授问他的学生：“你的人生目标是什么？”学生回答：“健康、爱情、名誉、财富……”谁料教授不以为然地说：“你忽略了最重要的一项——心灵的宁静，没有它，上述种种都会给你带来可怕的痛苦！”

很多时候，我们的内心都为外物所遮蔽、掩饰，浮躁的心情占领了我们整颗心，因此在人生中留下许多遗憾：在学业上，由于还不会倾听内心的声音，所以盲目地选择了别人认为最有潜力与前景的专业；在事业上，不去关注内心的声音，在一哄而起的热潮中，也去选择那些最为众人看好的热门职业；在爱情上，常因外界的作用扭曲了内心的声音，因经济、地位等非爱情因素而错误地选择了爱情对象……

究其原因，我们总是行色匆匆地奔走于人潮汹涌的街头，浮躁之心倏然而生。我们找不到一个可以冷静的机会。现代社会在追求效率和速度的同时，使我们作为一个人的优雅在逐渐丧失。内心的声音，便在这种繁忙与喧嚣中被淹没，物的欲望在慢慢吞噬人的灵性和光彩。这时，我们往往不能以宁静的心灵面对无穷无尽的诱惑，就会感到心力交瘁或迷惘躁动，奢望、乞求和羡慕，都只能加重生命的负荷，加速心里的浮躁，而从此与豁达康乐无缘。

在一条老街上，有一位卖铁锅、菜刀和剪子的老人。

他的经营方式非常古老和传统。人坐在门内，货物摆在门外，不吆喝，不还价，晚上也不收摊。你无论什么时候从这儿经过，都会看到他在竹椅上躺着，手里拿着一个半导体收音机，身旁是一把紫砂壶。他的生意也没有好坏之说，每天的收入正够他喝茶和吃饭。他老了，已不再需要多余的东西，因此他很满足。

一天，一个文物商人从老街上经过，偶然看到老铁匠身旁的那把紫砂壶，立即吸引了他的目光，因为那把壶古朴雅致、紫黑如墨，有清代制壶名家戴振公的风格。文物商人走过去，顺手端起那把壶，发现壶嘴内有一记印章，果然是戴振公的。商人惊喜不已，因为戴振公在世界上有捏泥成金的美名，据说他的作品现在仅存 3 件，一件在美国纽约州立博物馆里，一件在台湾故宫博物院，还有一件在泰国某位华侨手里，是 1993 年在伦敦拍卖市场上，以 16 万美元的拍卖价买下的。

商人端着那把壶，想以 10 万元的价格买下它。当他说出这个数字时，老铁匠先是一惊，后又拒绝了，因为这把壶是他爷爷留下的，他们祖孙三代打铁时都喝这把壶里的水，他们的汗也都来自这把壶。

壶虽没卖，但商人走后，老铁匠有生以来第一次失眠了。这把壶他用了近 60 年，并且一直以为是把普普通通的壶，现在竟有人要以 10 万元的价钱买下它，他转不过神来。

过去他躺在椅子上喝水，都是闭着眼睛把壶放在小桌上，现在他总要坐起来多看一眼，这让他非常不舒服。特别让他不能容忍的是，当人们知道他有一把价值不菲的茶壶后，他的屋子就开始变得拥挤不堪，有的人问还有没有其他的宝贝，有的人甚至开始向他借钱；更有甚者，晚上来推他家的门。老铁匠的生活被彻底打乱了，他不知该怎样处置这把壶。

当那位商人带着 20 万元现金第二次登门的时候，老铁匠再也坐不住了，他招来左右店铺的人和前后邻居，拿起一把斧头，当众把那把紫砂壶砸了个粉碎。

现在，老人还是卖铁锅、菜刀和剪子，据说他已经 100 多岁了。

心灵的宁静是一种融入丰富智慧的财富。这财富的积累是长期的，是一种与生活的苦难长期斗争和超越而沉淀出成熟的体现。具备了心灵的安宁，意味着你的经历丰盈成熟以及对于思想规律与运转有一种不同寻常的了解。

宁静可以沉淀出生活中许多纷杂的浮躁，过滤出浅薄粗陋等人性的杂质，可以避免许多鲁莽、无聊、荒谬的事情发生。宁静是一种气质、一种修养、一种境界、一种充满内涵的悠远。安之若素、沉默从容，往往要比气急败坏、声嘶力竭更显涵养和理智。综观古今中外，只有达到心灵真正宁静的人，他们的生活才会充满自由和快乐。

所以，当你焦躁不安时，你用自己的手抚摩在心口上，对自己的心说上一声“平和，宁静”，你就能加强自我控制的力量，保持正确的前进方向。

失败是成功之母

生活中，困难和逆境几乎伴随着我们每个人。考试失利了是挫折，找工作碰壁了是挫折，被老板狠狠地训斥是挫折，自己千辛万苦做出来的东西被客户贬得一文不值是挫折……

然而，人生总要经历种种磨难，总要在这些磨难中慢慢地领悟，渐渐地成长。考试失利了我们才看到前一段的学习没有用心，找工作碰壁后我们才知道生存的不易，被老板训斥了才明白自己做错了，做出的成果被驳回才发现有许多可修改的空间……

失去父亲的那一年，哈伦德还不足 5 岁，连自己的名字尚拼写不完整，家里的人哭作一团时，他觉得很好玩，因为一时间没有人能顾及他，他可以自由自在地满镇子去疯。

他 14 岁辍学后回到印第安纳州的农场。上学时他不开心，干农活仍让他不开心，在电车上售票还是让他不开心，瘦削的小脸上罩满与年龄不相符的沉重与愁苦。

17 岁，他开了一个铁艺铺，生意还未完全做开就不得不宣告倒闭。

18 岁，他找到生命中第一个“爱的码头”，并栖身在此。但不久后的一天，他再回家时，发现房子里的东西被搬迁一空，爱人也不见了踪影，爱情以迅雷不及掩耳的速度流失，码头从此成荒。

他尝试过卖保险，失败了。

他力争到一份轮胎推销业务，也失败了。

他学着经营一条渡船，失败了。他试着开一家汽车加油站，也失败了。

在一次次失败的敲打下他无奈地走到了中年，这个中年人苍白无力到甚至无法从前妻那儿见自己的女儿一面。为了见到让他日思夜想的女儿，这个落寞的中年男人想到了绑架，绑架自己的女儿。然而，就连这荒唐之举，在他不惜弯下男儿之躯，在路边草丛中潜伏守候了十多个小时之后也宣告失败了。

这个几乎被失败判了死刑的人，又晃过了几十年无人知也无人欲知的岁月之后，退休之年的一天，他收到了 105 美元的社会福利金，他用这点福利金最后开了一家想以此维生的快餐店——肯德基家乡鸡。

是的，他就是全球知名的肯德基的创始人哈伦德·森德斯先生。现在，肯德基快餐店几乎遍布全球的各个大街小巷。

每个人都不愿意生活中有那么多的困难和挫折，但是又都不可避免地会遇到这样或那样的挫折。也只有在一次次面对挫折的过程中我们才能够总结经验，才会让自己生活的知识日渐丰富。正如哈伦德·森德斯先生一样，谁都不能说他的成功靠的仅仅是运气。如果没有前面一次次的失败，或许也不可能成就他的肯德基，不可能让肯德基走向世界。

2002 年 10 月 10 日，一条消息在全球迅速传播开来：日本一位小职员荣获了 2002 年诺贝尔化学奖。一位小职员居然也获得如此大奖？没错，他就是日本一家生命科学研究所的田中。

他不是科学界的泰斗，也非学术界的精英。他甚至不是优等生，大学时还留过级。他找工作时未通过面试而被索尼公司拒之门外，后经老师的极力推荐才有机会走进现在的这家研究所。他是那样平凡，获奖前，就连同事都不知道有田中这个人。当他接到获奖通知时，他还以为是谁在跟他开玩笑呢。

面对众多记者的追问，田中笑着说："说来惭愧，一次失败却创造了让世界震惊的发明……"

事实的确如此。当时，田中的工作是利用各种材料测量蛋白质的质量。有一次，他不小心把丙三醇倒入钴中，他没有立即推翻重来，而是将错就错对其进行观察，于是意外地发现了可以异常吸收激光的物质，为以后震惊世界的发明"对生物大分子的质谱分析法”奠定了成功的基础。

挫折是生活中不可多得的财富，一次意外的失败成就了田中，也让他的事业迎向了新的高峰。

很多时候，挫折可以成为你手中的财富，为你带来好运；挫折会使你成为一个能够拥有充足的智慧、饱满精神的真正的成功人士。

当挫折来临的时候，不要逃避，不要抗拒，不要害怕困难，要勇敢地面对逆境，积累经验，让困难和逆境成为你人生的财富吧。

快乐传播达人

美国励志大师奥里森・马登在他所著的《高贵的个性》一书中这样说："我们需要承担一种责任，那就是总是保持快乐的心态，没有其他责任比这更为重要了。通过保持快乐的心态，我们就为世界带来了很大的利益，而这些利益我们自己甚至还不知道。"

瑞典杰出歌唱家珍妮・琳德正在和一个朋友散步时，看见一个老妇人摇摇晃晃地走进了一间救济院的大门。于是，她的同情心突然间被激发了，然后，她也走进这扇大门，假装是要在那儿休息一会儿，她希望借此机会送给这个穷妇人一些有用的东西。

然而，让她吃惊的是，这个老妇人随即开始和她谈起了她所仰慕的"珍妮・琳德"。那老妇人说："我已经在世上活了很长时间，在我死之前，我没有别的想法，只是特别想听听珍妮・琳德的歌声。"

"那会让你感到快乐吗？"珍妮问道。

"是啊，但像我这样的穷人是没办法去音乐厅的，所以也许我永远听不到她的歌声了。"

"请别那么肯定。"珍妮说，"请坐，我的朋友，听我唱一首吧！"

她开始歌唱，并且带着一种真诚的喜悦，唱了她最拿手的一首歌曲。

老妇人非常高兴，接着又觉得有一点儿困惑，因为那年轻的女子竟然对她说："现在，你已经听过珍妮・琳德的歌声了。"

比玫瑰花的香更为甜美的是名誉，而这种名誉是因人类善良、仁慈和无私的本性所带来的，一种随时准备为他人做好事的品格会转化为你自己的力量。听听那些作家们是怎样认识这一点的。赫伯特说："思想上的甜美，会作用于你的身体、服饰和居室。"所以，塞万提斯谈到某个人时，曾经说他的脸就像是对人的一个祝福。而贺拉斯·史密斯则说："彬彬有礼、温文尔雅看起来非常好。"我们的诗人阿姆斯贝理更是感慨地说："具有善良、温柔、优雅的个性，在同情他人时表现得慷慨大方，并且时刻关注你身边那些有教养的人，那么你将受到人们对你的崇敬和赞美。"

有些人生来就是快乐的，无论他们身处的环境怎样恶劣，他们总是高高兴兴的，对任何事情都很满意。在他们的眼中，漫长的人生好像是度过了一个长长的假期，他们的视力所及之处都是愉悦和美丽。当我们遇见他们时，他们给我们的印象又好像是刚刚遇见了什么幸运的事情，或者是好像有什么喜讯要告诉我们一样，如同蜜蜂从每朵盛开的花朵中采集完蜂蜜那样。他们还具有一种提炼快乐的炼金术，甚至可以让布满阴霾的天空充满灿烂的阳光。在病房里，对于病人来说，他们常常比医生更有用，比药物更有效。所有的大门都向这些人敞开，他们处处受到人们的欢迎。

在我们的生活中，最迷人的人总是那种拥有最吸引人的品格的人，而不是那些外表最美丽的人。我们没必要对如何去感受他的伟大来作一番介绍，如果在一个寒冷的日子，你在大街上遇见这样一个开心的人，你就会觉得似乎气温又上升了几度，天气一下子暖和了许多。

一位真正快乐的人有两个主要特征，就是注重礼仪和为他人着想。"你会陷入某种绝望悲伤的境地吗？如果会，那么请暂时忘记它，请保持优雅的心态。"这些观点是多么适合用来做每个青年人的座右铭啊！

下面的一段话是在英国格洛斯特郡一所古老的庄园里找到的，它们被写好后放在一个镜框里，放在一间客厅的壁炉台上："真正的绅士是上帝的仆人，是世界的主人，是他自己命运的主宰者。美德是他的事业，学习是他的娱乐，知足是他的休息，快乐则是他的回报；上帝是他的父亲，耶稣基督是他的拯救者，圣人是他的教友，而所有需要他的人都是他的朋友；热忱是他的牧师，纯洁是他的侍从，节欲是他的厨师，温和是他的管家，好客是他的仆人，节约是他的出纳，仁慈是他的看门人，谨慎是他的搬运工，虔诚则是他家里的女主人，这些人都会在最恰当的时候为他服务。这样，他的整个家都是由美德构筑起来的，而他就是这个房子的主人。这样的人必然会将整个世界带上通往天堂的道路，一路之上，他努力着，尽其所能。他给自己带来了灵魂的满足，给他人带来了心灵的快乐。”

做个传播快乐的天使吧，你的人生会因此而轻舞飞扬。

摆脱压迫

大文豪巴尔扎克说："世界上的事情永远不是绝对的，结果完全因人而异。苦难对于天才而言是一块垫脚石，对于能干的人来说是一笔财富，对于弱者来说则是一个万丈深渊。"相对的，我们的人性并非一开始就发展得很完全。它是经过日常生活的竞争和挑战之后才日臻完善的，就像一块铁在铁匠的炉火中经过千锤百炼才能成形。

如果你了解了尼克·武伊契奇的故事，你会忍不住为他的坚强和乐观而喝彩。尼克·武伊契奇 1982 年出生于澳大利亚的墨尔本，从出生那天开始，他就没有双手和双腿。父母对此始料未及，他们不敢想象，他们的儿子怎样才可以拥有快乐的正常生活。而让所有人都没有想到的是，这个漂亮的无手足的小男孩有一天会用他的生活足迹来激励所有的人。

从小到大，尼克经历了太多常人无法想象的挫折，他首先要面对的是自己和别人不一样的现实，以及别人看他的眼光。七岁的时候，他尝试了许多特殊设计的电子手臂和双腿，希望自己能和其他孩子有更多的相似之处。可是，过了一段时间，他就认识到即使使用这些，也改变不了别人对他凝视的眼神。

于是，他干脆放弃了这些设备，试着学会适应自己的身体情况，去完成很多健全的人才能做的事情，比如刷牙、洗脸，甚至是用电脑和游泳。就这样，尼克慢慢地接受了自己的身体情况，并且开始热爱生活。正因为这种乐观和执着的精神，他取得了很多不错的成绩。七年级的时候，他被选为学校的主席。大学毕业的时候，他取得了会计和金融企划的双学士学位。更重要的是，他通过充满热情的演讲和自己的亲身经历去鼓励更多的人，为他们带去希望。2005 年，尼克被授予“澳大利亚年度青年”的荣誉称号。

如果从客观的条件来看，尼克是不幸的，可是他却不这样认为。他用自己的信念激励着自己，也鼓舞着别人，这个无手足的年轻人才二十几岁，足迹已经遍布全世界，为不同国家、不同行业的人做演讲，与大家共同分享他的故事。他并不把生活中的苦难看成是麻烦，相反，他认为这些是帮助自己学习和成长的机会。

每一个人的成功都不是偶然，成功的背后一定都付出了艰辛的努力。好比飞蛾，没有那层蚕茧，就永远成为不了美丽的蝴蝶。

被西欧称为“历史性的雄辩家”的狄里斯也曾是一个呼吸短促、说话低沉、口齿不清的人，和他说话，旁人经常听不懂他在说什么。不过，他却是一个知识渊博、思想深奥的人。他很擅长分析事理，在当时，几乎无人能出其右。

当时，在狄里斯的祖国首都雅典，有很严重的政治纷争，因此，能言善辩的人格外受到重视。狄里斯也在演讲人之列，虽然他知道自己缺乏说话的技巧，但经过一番充分的考虑之后，他还是从容地走上了讲台；但就因为他的低音和肺活量不足，口齿不清，以至于别人无法听清楚他所说的话。所以，狄里斯的这次演讲失败了。

但是，狄里斯并不灰心，借助这次失败，他反而比过去更努力了，努力训练自己的胆量和意志力。他每天都跑到海边去，对着浪花拍打的岩石大声喊叫；回家以后，又对着镜子练习说话嘴型，做发音练习，坚持不懈。狄里斯就是这样努力了好几年，直到他 27 岁时，终于再度走上台向众人演说。

至此，辛苦的努力也总算有了成果。他这次盛大的演讲，得到了许多的喝彩与掌声，而狄里斯的名气，也就这样打响了。

世界上从来没有平白无故的领悟，经历多了你才会真正明白挫折的含义，才会知道成功的来之不易，才会珍惜成功的果实。

我们每个人都会面临各种挑战、各种机会、各种挫折，这时候你承受挫折的能力，就能决定你未来的命运。成功不是一个海港，而是一次埋伏着许多危险的旅程，人生的赌注就是在这次旅程中要做个赢家，成功永远属于不怕失败的人。

上好的钢材需要经历炉火的重重炙烤才能炼成。一个人若想成功，以胜利者的姿态站在众人面前，那他就必须要有承受挫折的勇气，以及一颗坚强不屈的心。这样，才能始终立于不败之地。

人生只有走出来的美丽，没有等出来的辉煌

人生在世，说长，悠悠数万日，遥遥无期；说短，忽忽几时秋，弹指一挥间。人，只有一次宝贵的生命，而我们又有几次成功，几次失败呢？人生道路是不平坦的，难免有磕磕绊绊，这就是挫折。面对挫折，选择博爱，张开双臂，勇敢面对，乐观地看待挫折，只有这样你才能永远立于不败之地。

美国著名电台广播员莎莉·拉菲尔在她30年的职业生涯中，曾经被辞退过18次，可是她每次都放眼最高处，确立更远大的目标。

最初，由于美国大部分的无线电台认为女性不能吸引观众，没有一家电台愿意雇用她。等到她好不容易在纽约的一家电台谋求到一份差事，不久电台又以她跟不上时代为由将她辞退；但莎莉并没有因此而灰心丧气。她总结了失败的教训之后，又向国家广播公司电台推销她的清谈节目构想。电台接受了她的构想，但提出要她先在政治台主持节目。

但因为对政治所知不多，使得莎莉陷入了犹豫之中，不过最终坚定的信心促使她大胆去尝试。她对广播早已轻车熟路了，于是她利用自己的长处和平易近人的作风，大谈即将到来的7月4日国庆节对她自己有何种意义，还请观众打电话来畅谈他们的感受。听众立刻对这个节目产生了兴趣，她也因此而一举成名。

如今，莎莉·拉菲尔已经成为自办电视节目的主持人，曾两度获得重要的主持人奖项。后来，当别人问她成功的秘诀时，她说："我被人辞退18次，本来会被这些厄运吓退，做不成我想做的事情，结果相反，我让它们鞭策我勇往直前。"

把失败当作鞭策自己勇往直前的动力，所以，莎莉成功了。失败了 18 次又怎样，我还可以重新尝试第 19 次，只要我还能迈动前进的步子，只要我的梦想还没有破灭，只要我还有着对生活的热情，失败就不会将我打倒，失败了又怎样，大不了爬起来继续走。“看成败，人生豪迈，只不过从头再来……”

现实生活中，很多人一旦失败了就会这样告诉自己：“我已经尝试过了，不幸的是我失败了。”一两次的失败就让他们打了退堂鼓，就没有勇气再尝试下去。因为惧怕失败，所以他们宁愿一直趴在地上，也不再愿意站起来勇敢地面对失败，所以，他们最终也只能是个失败者。

跌倒了爬起来，失败了，大不了从头来过。从头来过，你或许还有赢的希望，但就此承认失败，你就真的一无所有了。

我们观察一个人，常只注意他成功的地方，而忽略其间的失败，岂知那些失败正是他成功的因素。看来不必要的迂回，有时正是前进的另一种姿态。

失败会使生活产生波折，从而更添生活情趣。没有遭遇过失败的人，永远是轻浮的。一个人经历的失败越多，他的经验就越丰富，做人就越成熟，能力也就越强。这样的人，只要他还能保持乐观，维持顽强的上进心，他就一定是最后的成功者。

一个农民，初中只读了两年，家里就没钱继续供他上学了。他辍学回家，帮父亲耕种 3 亩薄田。在他 19 岁时，父亲去世了，家庭的重担全部压在了他的肩上。他要照顾身体不好的母亲和瘫痪在床的祖母。

20 世纪 80 年代，农田承包到户，他把一块水洼挖成池塘，想养鱼；但乡里的干部告诉他，水田不能养鱼，只能种庄稼，他只好又把水塘填平。这件事成了一个笑话——在别人的眼里，他是一个想发财但又非常愚蠢的人。

听说养鸡能赚钱，他向亲戚借了 500 元钱，养起了鸡；但是一场洪水过后，鸡得了鸡瘟，几天内全部死光。500 元对别人来说可能不算什么，对一个只靠 3 亩薄田生活的家庭而言，不啻天文数字。他的母亲受不了这个刺激，竟然忧郁而死。

他后来酿过酒，捕过鱼，甚至还在石矿的悬崖上帮人打过炮眼……可都没有赚到钱。

35 岁的时候，他还没有娶到媳妇，即使是离异的有孩子的女人也看不上他。因为他只有一间土屋，并且随时有可能在一场大雨后倒塌。娶不上老婆的男人，在农村是没有人看得起的。

但他还想搏一搏，就四处借钱买了一辆手扶拖拉机。不料，上路不到半个月，这辆拖拉机就载着他冲入一条河里。他断了一条腿，成了瘸子。而那辆拖拉机，被人捞起来后已经支离破碎，他只能拆开它，当作废铁卖。

几乎所有的人都说他这辈子完了，但是后来他却成了一家公司的老总，手中有两亿元的资产。现在，许多人都知道他苦难的过去和富有传奇色彩的创业经历。许多媒体采访过他，许多报告文学描述过他。记得有这样一个情节，记者问他："在苦难的日子里，你凭什么一次又一次毫不退缩？"

他坐在宽大豪华的老板台后面，喝完了手里的一杯水。然后，他把玻璃杯子握在手里，反问记者："如果我松手，这只杯子会怎样？"

记者说："摔在地上，碎了。"

"那我们试试看。"他说。

他手一松，杯子掉到地上发出清脆的声音，但并没有破碎，而是完好无损。他说："即使有 10 个人在场，他们都会认为这只杯子必碎无疑。但是，这只杯子不是普通的玻璃杯，而是用玻璃钢制作的。"

可以说失败是人生路上最宝贵的财富之一，它为我们提供了独特的学习机会。成功固然可喜，但失败更清晰地反映出我们身上的弱点，失败可以更好地锻炼我们的意志，让我们弥补自身的不足。

每个人的人生中都会遇到失败，失败了不可怕，可怕的是遇到失败后一蹶不振，提不起重新生活的勇气。所以在遇到失败时，更需要我们振作，勇敢地面对事实，从中吸取教训，然后继续信心倍增、意气风发地大步往前踏，不达成功的终点绝不罢休。处于困境中，我们要鼓起勇气，满怀斗志地去抗争，不能听天由命，更不能自暴自弃。我们需要学会把握自己，仗着我们坚韧的个性、必胜的信心去破除万难，奋勇前行，这样才能有成功的希望。

定律 2

弱者埋怨逆境，强者克服逆境

与其抱怨，不如改变

有些人似乎天生就爱抱怨，抱怨公司、抱怨老板、抱怨同事、抱怨客户、抱怨压力、抱怨批评，抱怨薪水太低付出太多，抱怨考核制度不公平，抱怨管理混乱，抱怨领导独断专横，抱怨没有一个好爸爸、没嫁个好老公，抱怨自己家的孩子没有别人家的聪明……好像世界上就只有他是最不幸最倒霉的人，没有什么是他不抱怨的，似乎不抱怨他就没法过日子。

可是抱怨有用吗？抱怨能解决问题吗？抱怨能使你摆脱现状吗？抱怨能使你的工作、学业、生意越来越好吗？抱怨能使你快乐起来吗？

什么都不可能！抱怨不能解决任何问题，抱怨没有任何用处，抱怨只会让你自己越来越不快乐，只会让你的生活越来越不如意、你的意志越来越消沉、你的工作越来越差、你的生活越来越糟糕……

有一个三口之家，家里穷得什么都没有，儿子瘦得皮包骨，爸爸妈妈只好带着孩子来到街口乞讨。可过去了一整天都毫无收获，小男孩饿得快晕倒了。爸爸妈妈非常着急，用比祈祷更虔诚的心央求上帝救救他们的儿子。

于是，上帝派遣使者来到人间。使者对三个人说，我可以帮助你们每人实现一个愿望，这一家人听了将信将疑。先是孩子的妈妈迫不及待地对使者说："我要你为我们变出一车的面包，我要让我的儿子吃得饱饱的。"

刚说完，眼前就真的出现了一车子的面包。孩子的爸爸先是非常惊奇，转而又特别生气，不断抱怨妻子没头脑，浪费这么好的机会只换来一车廉价的面包。当使者问他有什么愿望时，他很愤怒地说："我不要这些廉价的面包，请你将这个笨女人变成一头蠢猪。”

话音刚落，面包神奇地消失了，孩子的妈妈也真的变成了一头猪。这可把孩子吓坏了，他一边看着眼前的“猪”伤心哭泣，一边对使者说：“求求您，我不要猪，我要妈妈。”

果然，“妈妈”就真的变了回来。使者很无奈地说：“我已经给了你们希望，但就因为抱怨，你们把机会全都浪费了。”

说完使者不见了。一家三口还是回到了使者出现前的状态，没有面包没有猪，孩子饿得直哭。

一般人都认为“抱怨”只是一种发泄的方式，我们谁能够发誓自己从来没有抱怨过？但如果抱怨的内容不断地重复，那就说明是自己有问题，而且不肯面对问题，只是企图用抱怨来代替正视问题的勇气。

女孩小丹带着自己精心制作的作品到一家知名的广告公司面试。小丹抽的面试号是最后一个，等待的过程漫长而紧张，为缓解疲劳，小丹向广告公司的接待人员要了一杯温水。而接待人员在给小丹送水时不小心将杯子打翻了，水全都洒到了那张作品上。作品变得皱皱巴巴，原本鲜明的线条也变得模糊了。

小丹一下子愣住了：该怎么办？这可是面试时要用到的作品，没有作品怎么向考官解释自己的创意和构思呢？小丹知道现在抱怨接待人员没有用，埋怨自己的运气不好更没用。稍微冷静了一下，她赶紧向接待人员借来了纸和笔。在有限的时间里，她专心地用一张白纸将自己创作的作品简单地描画了一遍，用另一张白纸将原作品被淋湿的事情大概地叙述了一下。

接下来发生的故事，就是小丹从众多的面试者中脱颖而出，被公司录用了。主考官后来跟她说：“广告注重创意和变通，你的作品虽然简单但却体现了这点。”

小丹在一次同学会上谈起了这件事，她感慨道：“与其抱怨，还不如暂时抛弃那些烦心的事，多想想怎样才能更好、更快地解决问题，这比光在那儿牢骚满腹强上千百倍。”

是的，即便退一万步说，如果抱怨能解除自己心中那股怨气，那么适当地抱怨是可以的；但如果怨气出了仍无法解决问题，或无法移除心中那颗石头，那还真是不划算！

其实，更多时候，抱怨不但不能缓解所面临的窘境，反而使原有的烦恼长久地出现在抱怨者的脑海里。如果有谁主观上想抱怨，生活中的一切都可以成为其抱怨的对象；如果不愿抱怨，换一个角度想问题，就会发现，通过努力就能改变现状，并获得成功和幸福的体验，因为事情总有两个方面，关键在于你怎么看了。

如果我们的情绪像一间屋子，那么，抱怨就像蟑螂和蚂蚁一样，如果你清扫的方式不对，它们就会出现在每一个你不想看到的地方。若你再不加以阻止，它们还会用一种近乎细菌繁殖的速度增生。终有一天，你会觉得没看到几只蟑螂和蚂蚁，反倒有点怪怪的。

永不抱怨是最高密法

在日常生活中，我们经常会碰到以下的场景：

“我的工作真是无聊透顶！”

“天天加班，都快累死了。”

“每天面对重复的工作，我简直要疯了！”

“我们的老板就喜欢拍马屁的人。”

几个同事凑在一起牢骚满腹，抱怨公司苛刻的规章制度，抱怨领导的魔鬼管理，抱怨干不完的工作，抱怨受不完的委屈……

当抱怨成了习惯，一个人的情绪就会变得非常糟糕，看什么都不顺眼，同事认为他难相处，上司认为他爱发牢骚，是个“刺儿头”。如此下去，升职、加薪的机会永远不会光顾他。

一个人成败与否，并非天生注定，也不是他人能操纵得了的。实际上，命运是由我们自己创造的，它就掌握在我们每个人的手中。工作中处处蕴含着机遇，只有那些心怀珍惜的人才能看得到。机会到处都有，关键是你能不能抓住。

许多人对那些有所成就的人羡慕不已：“为什么好机会都让别人碰上了，我为什么就没有那样好的运气呢？”有的人还抱怨：“要是我有这样的机会，我早功成名就了。”人一生尽管有很多的机遇，然而，真正能抓住机遇的人并不多。抓住时机的人成就了事业，而失去机会的人则哀叹自己的“时运不济”。

徐海伟和李亚菲是大学同学，从学校毕业后，俩人分别进了两家规模都不算太大的公司。由于各自的单位距离很远，直到毕业后的第五年，他们再度重逢。

见了面，两个人自然聊起了分别后的工作经历。

谈起自己的工作，徐海伟的语气有些失落："时运不济啊！本来单位就不景气，加上专业又不对口，干活也提不起一点兴趣，实在是没有什么意思。干了不到半年，我就换了一家，还是没多大意思。我现在的单位已经是第七家了。哦，老同学，你发展得如何呀？"

李亚菲淡淡地说："你也知道，我的单位也不是太大，说实话，一开始，我也不太喜欢这份工作。不过，我觉得既然能找到这份工作，就要好好珍惜，力争把它干好。上班期间呢，就好好干好自己的活；下了班，就给自己充充电，补补业务知识，工作起来反而是越来越有劲了。半年后，由于我干得还不错，领导就把我提为部门主管了。现在，我们公司已经是一家大型集团公司了，我是我们集团分公司的经理。"

听了李亚菲的经历，徐海伟的心中有些惭愧，他现在明白了：原来，所有的问题并不是工作本身的问题，而是自己对待工作的态度上有问题。有的人工作态度浮漂，对工作好像蜻蜓点水，很少能专注于工作，因此，干什么工作都长久不了，也做不出多大的成就。

看看我们周围那些只知抱怨而不认真工作的人吧，他们从不懂得珍惜自己的工作机会。他们更不懂得，即使薪水微薄，也可以充分利用工作的机会提升自己的能力，加重自己被赏识的砝码。他们只是在日复一日的抱怨中徒增年岁，工作能力没有得到提高，也就没有被赏识的资本。更可悲的是，他们没有意识到竞争是残酷的，他们只知抱怨而不努力工作，已经被排在了即将被解雇者名单的前面。

有一天，佛陀坐在金刚座上，开示弟子们：

"世间有四种马：第一种是良马，主人为它配上马鞍，驾上辔头，它能够日行千里，快速如流星。尤其可贵的是当主人一抬起手中的鞭子，它一见到鞭影，便知道主人的心意，迅速缓急，前进后退，都能够揣度得恰到好处，不差毫厘，这是能够明察秋毫、洞察先机的一等良驹。"

"第二种是好马，当主人的鞭子打下来的时候，它看到鞭影不能马上警觉，但是等鞭子打到了马尾的毛端，它也能领受到主人的意思，奔跃飞腾，这是反应灵敏、矫健善走的好马。”

“第三种是庸马，不管主人几度扬起皮鞭，见到鞭影，它不但迟钝毫无反应，甚至皮鞭如寸点地挥打在皮毛上，它都无动于衷。等到主人动了怒气，鞭棍交加打在结实的肉躯上，它才能有所察觉，顺着主人的命令奔跑，这是后知后觉的平凡庸马。”

“第四种是驽马，主人扬起鞭子，它视若无睹；鞭棍抽打在皮肉上，它也毫无知觉；等主人盛怒了，双腿夹紧马鞍两侧的铁锥，霎时痛刺骨髓，皮肉溃烂，它才如梦初醒，放足狂奔，这是愚劣不知、冥顽不化的驽马。”

庸马和驽马是职场中许多平庸员工的生存写照。他们总是抱怨老板对他们太苛刻，工资太低，抱怨公司没有为他们提供更好的舞台，给他们以施展才华的机会。

职场中，数不清的庸马和驽马正在拼命地为自己的失败寻找借口，造成了职场人生的萎靡与默然。相比之下，“良马”式员工从不会寻找理由为自己的行为开脱，更不会去抱怨自己的处境和外在的人与事。他们任何时候都坚守着自己的信念，让自己朝着卓越奋进！

所以，做个不抱怨的人，成功将会离你越来越近。

没有绝对，只有相对公平

世上从来就没有绝对的公平，出身背景不同、家庭关系不同、受教育的程度不同……所有这些，都决定了人生的不公平，如果真的绝对公平了，反而是另一种不公平。一个人从出生开始，就必须无条件地接受这种不公平。

“生活中没有绝对的公平，这是事实，任何人都不能改变。”如果你一味地对不公平的事实进行抱怨、叹息，一味地强求生活中绝对的公平，最终，你也只会在自己的叹息声中虚度一生。在生活的不公平面前，承认它、接受它、正视它，然后努力生活、努力工作，才会找到属于自己的那份公平。

当然，承认生活不公平，并不意味着我们不尽己之所能去改善生活，去改变整个世界。恰恰相反，它正表明我们会努力做好分内的事，争取更大的成功。

在 20 世纪 90 年代，中国企业的铁饭碗被打破，许多工人下了岗，四川双流县的李春花同丈夫也都成了其中的一员。面对困境，他们彷徨、愤懑后，但最终重新开启了自己另外的生活。

1999 年 3 月，李春花同丈夫来到成都，他们想在双流机场附近的双流县城卖稀饭。他们租了一间只有 6 平方米的门面，又买来相关物品。在他们先后投入了 1.5 万元后，稀饭店总算开张了。

虽然，两个人起早贪黑地干，但生意并不好，开张三个月，就亏了 3000 多元。

李春花意识到必须要变，否则就只有死路一条。怎么变呢？中国人习惯在早上喝稀饭，如果改在中午或者晚上喝稀饭是否也可以呢？

丈夫也认为这个想法不错，于是他们经过认真考虑后决定：把稀饭做成正餐，推出营养可口的“荤稀饭”。

为了创建属于自己的稀饭品牌，他们首先给自己的稀饭取了一个通俗易记的名字——李姐稀饭大王。

第二天，他们就开始分头行动起来：夫妻俩分工明确，配合默契。丈夫辜强负责研究稀饭的种类。

李春花负责外联，研究经营战略，她在双流电视台做了一系列广告，大胆提出“改变稀饭传统喝法，把稀饭当成正餐，把稀饭当成营养餐”的新餐饮理念。

面对这一新理念，许多人纷纷赶来尝鲜。客人们吃完后都赞不绝口，这样一传十，十传百，没过多久，小店便远近闻名，来的客人都点名要品尝那些特色稀饭。

丈夫辜强也加紧研究，把稀饭的品种由原来的十几个发展到二十多个，并且还请教了许多老中医，成功研制出了清热解毒稀饭、开胃健脾稀饭、美容养颜稀饭等具有药用价值的稀饭，他们的生意也越做越红火。

2001 年，夫妻俩又开了几家分店，并对“李姐稀饭大王”的品牌进行了注册。

据说，在“李姐稀饭店”里，一到吃饭时间，上千的食客挤满大院，男女老少齐刷刷地喝起稀饭，霎时“呼呼”声大作，场面颇为壮观。因此在四川双流县，流传着这样一个笑话段子：天上的飞机声，地下的稀饭声。前者说的是成都双流国际机场的飞机声，后者就是指从“李姐稀饭店”里传出来的喝稀饭的声音。

人在无法改变不公和厄运时，要学会接受它、适应它，把不公平的现状甩在身后，就会创造不一样的生活，从而获得成功。李春花夫妇做到了这一点，夫妻俩把稀饭做出了规模，做成了事业。

现实生活中，任何人都会遭遇到社会带来的不公平，只不过有的人利用自己占有的社会资源，迅速过上了令人羡慕的生活。而对于那些资源相对贫乏的人，则要认清生活中存在的不公平，把自己的劣势变成努力奋斗的动力，寻找机会发挥自己的长处，闯出自己的一片天地，就可以扭转命运带给你的不公平。

小张和小胡同时受雇于一家超市，拿着同样的薪水。可是一段时间后，小张青云直上，而小胡却仍在原地踏步。

小胡很不满意老板的不公正待遇。终于有一天，他到老板那儿发牢骚了。老板一边耐心地听着他的抱怨，一边在心里盘算着怎样向他解释清楚他和小张之间的差别。

“小胡，”老板说话了，“你去集市一趟，看看今天早上有什么卖的东西。”

小胡从集市上回来向老板汇报说，今早集市上只有一个农民拉了一车土豆。

“有多少？”老板问。

小胡赶快戴上帽子又跑到集市上，然后回来告诉老板说一共有 40 袋土豆。

“价格多少？”

小胡第三次跑到集市上问来了价格。

“好吧。”老板对他说，“现在你坐在椅子上，别说话，看看别人是怎么做的。”

小张很快就从集市上回来了，向老板汇报：到现在为止只有一个农民在卖土豆，一共 40 袋，价格是多少；土豆质量不错，他带回来一个让老板看看。这个农民一个钟头以后还会运来几箱西红柿，据他看价格非常公道。昨天他们铺子的西红柿卖得很快，库存已经不多了。他想这么便宜的西红柿老板肯定会要进一些的，所以他不仅带回一个西红柿做样品，而且把那个农民也带来了，他现在正在外面等回话。

此时，老板转向小胡，说：“现在你知道为什么我对你不公平了吧？”

总之，世界是竞争的矛盾体，公平是相对的，不公平才是真理。因此，当不公平来临的时候，我们要学会承受、学会思考，同时更要学会提升自我，让不公平远离自己。

一颗无畏的灵魂

曾看到过这样一则报道，说的是有个正当青春妙龄的女孩，因自己是单眼皮、长得不够漂亮而跳楼自杀了。这样的事情听起来似乎是天方夜谭，却实在是可悲的事实。其实，我们每个人都有自己独具的魅力，双眼皮有双眼皮的美丽，单眼皮有单眼皮的韵味。你不必为此苦恼，也没必要改变自己，你所需要的，是真诚地悦纳自己。

在这个世界上，根本就没有两片完全相同的树叶，生活中的每个人都是独一无二的。你是蔷薇，就不要强求自己成为玫瑰；你是麻雀，就不要强求自己成为鸿雁。保持自我，不盲目仿效，是人生成功的前提条件。别人的人生与自己的人生，自然是不同的，自己的人生掌握在自己的手中，是“成功的传奇”还是“人生的悲剧”，全在于你自己；而任何委曲求全或者是装模作样，都会使我们不能真正触及事情的本质，或者只能流于俗套而失败。

看过许多模仿秀的节目，模仿者惟妙惟肖地模仿着他们所喜爱的明星，就连说话、走路、吃饭的神态、表情和动作都不放过。很多粉丝都为之惊叹，都说他们是某某明星，却唯独说不出他们的真实身份。这也难怪，那些模仿者只不过是用了几件漂亮、时尚点的外包装，外加别人的发型和几个毫无自主创新的动作拼凑而成的躯壳而已，他们唯一的不足就是丧失了真实的自我。

比尔·盖茨曾说下一个比尔·盖茨就是马云。事实果真会如此吗？不然！世界上只会有一个比尔·盖茨，前无古人，后无来者；而马云也只会成为世界上第一个马云，不会成为第二个比尔·盖茨，而且也会是前无古人，后无来者。

很多人模仿比尔·盖茨，可又有谁能以他的方式站在世界的巅峰呢？很多人模仿卓别林，可又有谁能以他的方式为众人皆知呢？很多人模仿杰克逊，可又有谁能上演他那经典的太空舞步呢……没有，这些都没有！每个人都可以用自己独特的方式去成就独一无二的自己，如果你总是想去模仿别人的成功模式，那你注定会成为模仿者的牺牲品。

已故台湾女作家三毛曾说过这么一句话："一个不会悦纳自己的人，是难以快乐的。"细细品来，这话确有深刻的哲理，每个人都是有其独特性的，都是唯一的同时也都是尊贵的。不论他是什么，都得接纳他，因为那毕竟是你自己。人只有悦纳自己，才会有尊严，才会有快乐。当我们懂得悦纳自己的时候，才会真正喜欢、珍惜自己的生命。

这是一位作家的生活札记——

2009 年，我随家人在德国慕尼黑生活了一年，此间我参加了一个德语学习班，班上 12 位同学来自不同的国家，老师为了让大家彼此熟悉便于交流，每次上课都会留出时间让每个人做自我介绍。这天，一个女人一开口就吸引了大家，她说："我叫玛莉娅，来自塞尔维亚。1999 年科索沃战争，我的父母双双被炸弹击中身亡。在我婚后的第十个年头，我的丈夫对我说，'玛莉娅，你煮的咖啡很难喝。'他和一个法国女人走了。塞尔维亚经济不景气，我失业了。上帝啊，这个女人变得一无所有。上帝却说，悲观的女人才会变得一无所有！于是，我来到慕尼黑，在一家咖啡店找到了工作，我煮的咖啡棒极了。我爱死我自己了！"

玛莉娅的话让回国的我至今难忘。悦纳自己，善待自己，哪怕生活平淡，哪怕处境艰难，心里也会淌过清澈的河流，撒满温暖的阳光。

这个早春，我和我的同事寻访了身边的 8 位女性，她们"爱自己、爱家人、爱生活、爱工作"的生活理念，更是让我心头为之一震。快乐与希望，不只在于努力的人，更在于那些敢于悦纳自己的人。

人生之旅对于我们每一个人来说，都不一定是那么宽阔平坦、绚丽多彩的，它不仅坎坷崎岖，而且荆棘丛生，甚至还有谁也排除不了的纷争，谁也改变不了的世俗，谁也逾越不了的障碍。因此，你必须学会悦纳自己。当你悦纳了你自己，你自然就看到了希望，也就获得了救助的机会。

当然，悦纳自己绝不是孤芳自赏，亦不是原谅自己的过错。孤芳自赏往往会酿造清高自傲的苦酒，成为醉生梦死沉沦于世的行尸走肉，远离群体的孤雁，飘离港湾的孤舟，不但不能取一“悦”，反而平添千般愁；而原谅自己的过错等于放纵自我毁灭自我，是对自己的一种犯罪。所以说，“悦纳自己”的含义其实就是尊重自我，欣赏独一无二的自己。

信心比资本和黄金更重要

大千世界，芸芸众生。很多人总是习惯于欣赏周围的人和事，却很少懂得欣赏自己，以致时常陷入望洋兴叹的无奈之中，或消极地自惭形秽，或盲目地东施效颦……世上没有十全十美的事，也没有十全十美的人，不管伟人还是凡人，都会有各自的不足。比如，有的人身陷挫折，有的人天生残疾，有的人家庭不幸。其实，在一生中，每个人都会遇到烦恼，每个人都有不足。如果你要求自己变得十全十美，那么抱怨也就会越来越多。

在此，让我们首先了解美国某大学的科研人员进行过的一项有趣的心理实验——“伤痕实验”：每位志愿者都被安排在没有镜子的小房间里，由好莱坞的专业化妆师在其左脸做出一道血肉模糊、触目惊心的伤痕。志愿者被允许用一面小镜子照照化妆的效果后，镜子就被拿走了。关键是最后一步，化妆师表示需要在伤痕表面再涂一层粉末，以防止它不小心被擦掉。实际上，化妆师用纸巾偷偷抹掉了化妆的痕迹。对此毫不知情的志愿者被派往各医院的候诊室，他们的任务就是观察人们对其面部伤痕的反应。规定的时间到了，返回的志愿者竟无一例外地叙述了相同的感受——人们对他们比以往粗鲁无理、不友好，而且总是盯着他们的脸看。可实际上，他们的脸上与往常并无两样，什么也没有。他们之所以得出那样的结论，看来是错误的自我认知影响了判断。这真是一个发人深省的实验。原来，一个人在内心怎样看待自己，在外界就能感受到怎样的眼光。同时，这个实验也从另一个侧面应了一句西方格言：“别人以你看待自己的方式看待你。”可以说，有什么样的内心世界，就有什么样的外界眼光。

所以，我们不必羡慕、嫉妒别人的“好”，我们要学会欣赏自己。当一个人用欣赏的眼光看待自己时，别人也才会用同样的眼光欣赏你！那么，你就是那个最棒的人了。

黄美廉是一位自小就患脑性麻痹的病人，脑性麻痹夺去了她肢体的平衡感，也夺走了她发声讲话的能力。从小她就活在诸多肢体不便及众多异样的眼光中，她的成长充满了血泪。

然而，她没有让这些外在的痛苦击败内在的奋斗精神，她经过自己的一步步艰苦努力，终于获得加州大学的艺术博士学位。她以手当笔，以色彩告诉人“寰宇之力与美”，灿烂地活出生命的色彩。

在一次演讲会上，一个学生小声地问：“你从小就长成这个样子，请问你怎么看自己？你都没有怨恨吗？”

“我怎么看自己？”黄美廉用粉笔在黑板上重重写下这几个字。写完之后，她停下笔来，歪着头，看看发问的同学，然后嫣然一笑，回过头去，在黑板上龙飞凤舞地写了起来：

1. 我好可爱！

2. 我的腿很长很美！

3. 爸爸妈妈很爱我！

4. 上帝很爱我！

5. 我会画画，我会写稿！

6. 我有只可爱的猫！

7. 还有……

教室内鸦雀无声，她回过头来坚定地看着大家，最后郑重地在黑板上写下了她的结论：我很优秀，我欣赏我自己。

黄美廉倾斜着身子站在讲台上，满足的笑容从她的嘴角荡漾开来，有一种永远也不被击败的傲然写在她的脸上。同学们的眼睛湿润了，黄美廉的这句话和她那不屈的形象鲜活地印刻在他们的心里。

每个人都有缺陷，也会有长处，只是看你怎样去面对。身体上的不足并不算什么，但如果你因为身体的缺陷而使心灵变得残缺，那才是最大的缺陷。所以，只有当你辩证地去看待这些缺陷与不足时，抱怨才会越来越少，幸福才会越来越多。

其实，懂得欣赏自己，是一种生存技巧和智慧。学会欣赏自己，你就会浑身散发出自信的魅力。欣赏自己并不是孤芳自赏，也不是盲目乐观，更不是妄自尊大。即便是一根小草，也要用满怀的绿意装点整个春天；即便是一滴小水珠，也要反射太阳的光芒。不是每一个人都能取得白雪一样的成就，但我们也同样要学会欣赏自己，一点点地积累，一点点地进步，最终开出一朵美丽的小花。

欣赏自己是一种心理暗示。如此，你就会高昂起头，精神焕发地迎接一切挑战；反之，则会缺乏自信，失去斗志。记得有一位老师曾说过这样的话："我们把自己想象成什么样，就真的会成为什么样。"如果你想象自己"我很棒"，那么你将成为一个出色的人，无论做哪一行都将会有所建树；如果你觉得自己"我很差"，那么你将永远做一个小角色，在人生的舞台上跑跑龙套而已。

学会欣赏自己，即便处于人生的低谷，也不会轻易失去信心，总是相信漫长的黑夜终将过去，黎明的曙光即将照耀着你；学会欣赏自己，即便无人喝彩的时候，也能为自己鼓劲加油，在人生的舞台上优雅地谢幕；学会欣赏自己，即使陷入困境也不会轻易哭泣，总能为自己找到一个解决办法，最终走出泥泞，云开日出；学会欣赏自己，才能在一个人独自疗伤的时候，为自己找到一丝安慰，增添一份勇气，然后抖落满身的征尘，轻装走在坎坷的人生路上。

勇于承担

俗话说："希望越大失望越大。"当人的期望值越高，而现实却迥然不同，心理落差太大时，人们难免会怨气冲天。

按照惯例，许多公司都会在春节前发放年终奖金。因此，春节来到之前的这个星期，老刘异常兴奋。他想起自己这一年早来晚归、兢兢业业地为公司工作，连妻子和女儿都照顾不上，心里盘算着奖金肯定少不了。有了这笔钱自己就可以给家中购置很多春节礼物了，于是，老刘每天都是早早就来到公司。

终于，星期三，老板把装着奖金的红纸包发给每一位员工。当老刘打开时，简直不相信自己的眼睛：只有五百元？这够塞牙缝吗？一瞬间，失望、不平和愤怒一起涌向他的心头。"太不公平了，老板太抠门了！"当下，老刘就有了辞职的念头。

在职场中，有些员工总是喜欢抱怨，抱怨工作压力大、不被公司重视、上司很苛刻、公司存在很多问题等，而抱怨自己的薪水低是最普遍的问题。

但是抱怨能解决问题吗？抱怨能感动老板发慈悲多发薪水吗？恐怕这种情况发生的概率很小。如果你对目前的薪水大肆抱怨，不满就会表现在工作中，对工作不认真、不负责，失去工作动力，结果工作做不好，薪水上涨当然是不可能的。所以越是抱怨，你的薪水越是难有上涨的机会。

其实，要改变自己爱抱怨的弱点，有一个秘方就是感恩。

职场中，那些对老板、对同事、对工作充满怨气的员工缘于没有一颗感恩的心。他们没有认识到是老板给他们工作的环境和机会，没有感受到是同事给予他们工作上的支持和协作，没有体会到是工作提供给他们成长的空间和生存的土壤，反而用自己黄金般宝贵的光阴，换来一大堆无用的指责埋怨，这是人生最悲哀的事情。当他们怀着消极的心态，着眼于企业的不足时，会感到心情郁闷、精神不振，没有心思和精力努力工作。

英国作家萨克雷曾说过："生活就是一面镜子，你笑，它也笑；你哭，它也哭。"此时，你不妨换个角度来考虑问题，想一下：企业给了我什么好处和利益？企业有什么值得称道的？

在激烈的市场竞争中，一家企业能够在竞争激烈的市场中占有一席之地，就说明它有相当的优势，能够为员工提供生存发展的机会。

对此，作为企业员工的你应抱着感激之心，感激你从企业得到的一切，感激企业给了你赖以生存的工作和发展的平台、一定的社会地位等。这些，都是生活幸福、安定的基础。因此，不要抱怨这些不足，而要看到长处，包容短处。再说，企业的不足是可以通过不懈的努力来改变的。因此，停止抱怨，心怀感恩，把精力都用在工作上，用在想尽办法解决问题上，企业不愁发展不了，你也会有更好的明天。

总之，感恩是一种生活态度，是一种处世哲学，是一种智慧品德。感恩，不仅仅是感激别人的恩德，更是一种生活的态度。感恩不纯粹是一种心理安慰，也不是对现实的逃避，感恩是一种歌唱生活的方式，它来自对生活的爱与希望。因此，无论生活还是生命，都需要感恩。

也许你会说，我想不到我有什么值得感恩的，生活欺骗了我，成功抛弃了我。那么，下面这个故事会让我们明白许多感恩的道理。

一位残疾人来到天堂，找到了上帝，抱怨上帝没有给他健全的四肢。于是，上帝给残疾人介绍了一位朋友，这个人刚刚死去不久，刚升入天堂。他对残疾人说："珍惜吧！至少你还活着。"

一位官场失意的中年人来到天堂找上帝，抱怨上帝没有给他高官厚禄。上帝就把那位残疾人介绍给他，残疾人对他说："珍惜吧！至少你四肢健全。"

一位年轻人来到天堂，质问上帝为什么自己总是得不到别人的重视。上帝就把那位官场失意的中年人介绍给他，他对年轻人说："珍惜吧！至少你还年轻。"

这些人忽然感到自己身上竟然有这么多异于他人的优点，值得他人羡慕，于是不再抱怨，而是很感激自己的父母了。

人生一世，不可能孤立存在，在生存的环境中，我们的每一步成长，每一次成功都是在亲情、友情的烘托下取得的，我们有什么理由不感恩呢？

拥有一颗感恩的心，就会善于发现事物的美好，感受平凡中的美丽。注意并记住生活中美好的事情，你就会有很多正面情绪，让你感到生活幸福，并对生活充满感激和希望，并且这些正面情绪开始深入你的潜意识生根发芽。

感恩是对人生的一种态度，更是对自己的态度。常想着他人的恩惠，忽略种种的不快，珍惜身边点点滴滴的爱，是对别人的尊重，更是对自己的尊重。"在你学会感恩的同时，你已经爱上了这个世界。"当你心存感恩的时候，就会发现生活之美。在顺境中感恩，在逆境中依旧心存喜乐。如果在我们的心中培植一种感恩的思想，则可以沉淀许多的浮躁、不安，消融许多的不满与不幸。

拥有一颗感恩的心，能让你的生命变得无比珍贵，更能让你的精神变得无比崇高！常怀感恩之心，会让我们珍惜所有的一切，会让我们的生活充满阳光和快乐。学会感恩，我们会永远工作和生活在幸福之中。

定律 7

激发困境中的斗志

现实的心理承受能力

直面现实，关注目前才是最重要的。那些不敢面对现实，在现实面前做逃兵的人，过的将是一辈子平庸的生活。

自从福鼎·克多隆有记忆起，文字就一直是他的克星。小时候上学，他总觉得书上的字母东跳西跳，永远也捉不到字母的读音。那时没人知道这叫阅读困难症。事实上，福鼎的左脑无法像正常人一样将文字之类的符号有次序地排列。

可怜的福鼎，他不敢开口告诉自己的老师自己面临多么大的难题。一年年熬过小学，又凭着在篮球场上的神勇表现进入了中学、大学。大学里，他还是对阅读怕得要命。为了混文凭，他到处打听哪一门课最容易通过。每堂课后，他一定立刻将在课堂上画的涂鸦给撕掉，免得有人跟他借笔记。

28岁那年，他贷款2500美元买了第二栋房子，加以装修后出租。后来，他的房子越买越多，生意越做越大，经过几年的经营，他已跻身百万富翁的行列，但没人注意到这位百万富翁总是去拉门把上写着“推”的门。而在进入公厕前，他一定会迟疑片刻，看有男士进出的门是哪一个。1982年经济不景气，他的生意一落千丈，每天都有人要对他提出起诉或是没收抵押物。他唯恐会被提去证人席，接受法官的质询：“福鼎·克多隆，你真的不识字吗？”

再这样逃避下去，福鼎的精神就要崩溃了，他要对自己，对所有人摊牌了。1986年的秋季，48岁的福鼎做了两个破天荒的决定。首先，他拿自己的房子做贷款抵押，然后，他鼓起勇气走进市立图书馆，告诉成人教育班的负责人：“我想学识字。”教育班安排了一位65岁的祖母当福鼎的指导老师。她一个字母一个字母地耐心教导他。14 个月后，他公司的营运状况开始好转，而他的识字能力也大有进步。

后来他在圣地亚哥的某个场合里公开自己曾经是文盲的事实，这项告白跌破了与会的 200 名商界人士的眼镜。为了贡献自己的一份心力，他加入了圣地亚哥识字推广委员会，开始到全国各地发表演说。“不识字是一种心灵上的残障。”他大声疾呼，“指责他人只是徒然浪费时间，我们应该积极教导有阅读障碍的朋友。”

福鼎现在一拿到书本或杂志，或是见到路标，便会大声朗读——只要妻子不嫌他吵。他甚至觉得读书的声音可以比歌声更美妙。有一天他突然灵光一现，兴冲冲地到储存室翻出一个沾满灰尘的盒子，里面有一叠用丝带绑着的信笺——没错，经过 25 年，他终于能看懂妻子当年写的情书了！

福鼎应该当之无愧地被称为“强者”。尽管有过彷徨和逃避，他还是鼓起勇气直面自己所处的环境。而弱者却总是逃避问题，想尽一切办法把自己封闭起来。其实，一味地逃避问题只会让问题变得越来越糟糕，以至于最后会真的无法控制。

不要逃避问题，不要低估问题，当然也不要低估你解决问题的能力。遇到问题很正常，就像千千万万的人也会遇到问题一样。首先你要对问题真正了解，这样你才谈得上发挥自己的潜力来解决。而要了解问题，就不能逃避。

回避现实往往导致对未来的理想化。你可能会觉得，在今后生活中的某一时刻，由于一个奇迹般的转变，你将万事如意，获得幸福。一旦你完成某一特别业绩，如毕业、结婚、生孩子或晋升，生活将会真正开始。然而，当那一时刻真的到来时，却十分令人失望，它永远没有你想象的那么美好。因为在回避现实的消极心态的阴影下，生活依然如故。

事实上，我们每天的进步都是明日梦想的阶梯。担当起每天的责任，认真地过好每一天，我们的梦想才有意义。梦想对于人类的全体成员，都是一个可以触及的事物。不同的是，积极心态者用今日的行动把梦想变成目标，而悲观消极的人则把梦想当作逃脱责任的托词。

除了空想未来，怀旧也是对现实的一种逃避，说明我们对自己没有信心，兀自停留在想象中的美好之中。我们不敢正视现实，不敢担当责任，害怕竞争，恐惧失败。我们总是习惯性地用逃避来应付每一个问题，从来不考虑直接负责任的方式。

成功的人总是能够看到今日的责任和明天的希望，从不把过多的精力消耗在怀念过去“美好时光”的事情上，也不会去追悔过去的错误失败，或者幻想将来的种种舒适与自由。道理很简单：在这个时光空间中，你所唯一拥有和把握的，只有“此时此刻”。

救命稻草

女作家张爱玲说过这样一句话："人在最无助的时候最相信的人总是上帝。"社会压力与日俱增，人们的自信心却在一点一点地萎缩，由于对自己缺乏清醒的认识，他们更多地流露出一种迷茫和失落。这样的前提下，他们很容易把拜佛当作一种精神依靠，寻求解脱。如果放任这种现象蔓延，对人们自身的危害是显而易见的——他们很容易以此为借口来逃避困难和责任。

某人正在屋檐下躲雨，恰好看见观音菩萨撑伞路过。这人说："观音菩萨，请度我一程如何？"观音说："我走在雨里，你躲在檐下，屋檐下没有雨，你又何须我度你呢？"

这人听到观音菩萨这样说，立刻走出屋檐下，站在雨中："现在我也在雨中了，菩萨应该度我了吧？"

观音说："我还是不能度你。"

"为什么？佛法不是讲普度众生吗？"这人不解地问。

观音解释说："你在雨中，我也在雨中，我没有被雨淋，是因为有伞；你被雨淋，是因为没有伞。所以不是我度自己，而是伞度我。你要想度，不必找我，请自找伞去！"

观音说完便走了，那个人在雨中被淋透了。

第二天，这人遇到了一件很棘手的事情，便去寺庙里求观音菩萨保佑。走进庙里，他发现观音的像前也有一个人在拜，而那个人长得跟观音菩萨一模一样。

这人好奇地问："您是观音菩萨吗？"那人答道："我正是观音菩萨！"这

人又问：“那您为何还拜自己呢？”观音菩萨笑着说：“我也遇到了一件棘手的事，但我知道，自伞自度，自性自度，求人不如求己。”

人生在世，当先自立，方能自强。他人只能帮助你一时，不能帮助你一世。但最终成就你的，只有你自己。一个人要想实现事业和理想，就应该凭借自己的力量与智慧自强不息，以脚踏实地、勤勤恳恳的态度去拼搏，去奋斗，努力挖掘出自己最大的潜力，不断地追求与创造。有一副名对联说得好：“有志者，事竟成，破釜沉舟，百二秦关终属楚；苦心人，天不负，卧薪尝胆，三千越甲可吞吴。”相反，如果否认了自我，不通过自己的智慧与力量去开拓进取，反而一味地寄希望于他人，就永远无法在竞争中占据主动，也只能受制于人。

著名教育家陶行知先生曾写有《自立歌》，其中有云：“滴自己的汗，吃自己的饭，自己的事自己做。靠人、靠天、靠祖先，不算是好汉。”莫奢望有人让你依靠一辈子，父母难保百年春，丈夫或妻子也未必能永远为你撑起一片天。

有一种植物叫茑，它的身体又细又柔软，自己无法长高，只能沿着其他高大的植物往上爬。慢慢地茑的枝叶茂盛起来，还结了不少红黑的果实。一天，一个过路人见了茑，摘了一个果实吃。

“真甜啊！长得也漂亮！”路人的夸奖让茑听了十分得意。

后来，一个木匠上山砍树。他看了看被茑缠绕的那棵大树说：“这棵树做房梁正好！”

木匠拿出斧头，开始砍树。

“他会连我一起砍断！”茑很害怕。它想离开大树，可是它平时缠得太紧了，现在想离开也做不到了。最后大树倒下了，茑也跟着断了。

有人感叹说：“如果茑能够自己生长，就不会遭到刀劈斧砍的横祸了。”

正像皮萨列夫讲的：“用自己的智慧开拓前程，永远要比通过鞠躬屈膝或者钻营拍马铺下的前程更牢固，更广阔得多。”一个人唯有自立，方能自强。与其靠别人施舍，不如靠自己去发奋，只有自己才真正靠得住。成功者很少追随他人，也不为大多数人的意见所左右，他们自己进行思考和创造，常常自己制订计划并付诸实施。

不要害怕温室外的风雨。依赖他人，追随他人，按照他人的想法去工作，自然要比自己动脑筋轻松得多。但若事事有人替我们想，替我们做，必定有害于我们事业的成功。要使一个人的力量和才能获得充分发展，就不能依靠他人，而要依靠自己。依靠自己努力的人，才能得到真正的胜利。自立是开启成功之门的钥匙。当一个人挣脱束缚自己的心结，面对真正无限的自我时，他的能力会得到无限的发展。

因此，求人不如求己，要树立信心，坚定信念，变被动为主动，寄希望于自我才是最可靠、最有利的成功法则。

思维方式的转变

“不以规矩，不成方圆”，这是古代的一句名言，是告诉我们规矩的重要性。但如果一个人过于规矩，认为规矩只能立而不能改变，那就是一种误区。萧伯纳说：“明智的人使自己适应世界，而不明智的人只会坚持要世界适应自己。”事实证明，当环境或者形势发生变化时，我们的思路也应该随之改变，否则就要吃大亏。

从前，有一个国王，只有一只好眼睛，一条好腿，另一只眼睛是瞎眼，另一条腿是瘸腿。有一天，他招来3个画家，命令他们给自己画像。国王说：画得好的有赏，如果画得不好就要杀头。

第一个画家把国王画得很像：国王有一只瞎眼、一条瘸腿。但国王一看，气得直叫，说是有意出他的丑，于是叫卫士把这个画家的头砍了。

第二个画家把国王画得很美，好手好脚，很有精神，像一个美男子，但国王一看，气得更厉害，说画家是个善于逢迎的家伙，结果把第二个画家也杀掉了。

第三个画家见前面两个画家都被杀掉了，急得直冒冷汗，但他不愧是聪明人，画的画叫国王十分满意，国王赏给他很多钱。你知道这个画家是怎样画的吗？

原来，这个画家把国王画成在山上打猎的姿态，国王把猎枪搁在一块大石头上，一只瞎眼闭着，一只好眼瞄准，一条瘸腿跪在地上，一条好腿弓在前面。画家画了国王，却没暴露国王的弱点，所以国王很高兴。

如实逼真不行，善于逢迎也不行，有没有第三条路？当然有，那就是在原则允许的范围内巧妙变通。

正所谓，有什么样的思路，就会有什么样的出路——思路决定出路。

1939 年 10 月 11 日，美国白宫里正在进行一次具有历史意义的交谈。萨克斯受爱因斯坦等科学家的委托，正在说服罗斯福总统重视原子能的研究，抢在纳粹德国之前制造原子弹。

萨克斯一直等了两个多月，才得到了这次面见总统的机会，自然十分珍惜。他先向总统面呈了爱因斯坦的长信，接着读了科学家们关于核裂变的备忘录，一心想说服罗斯福总统。可是罗斯福听不懂那艰深的科学论述，反应十分冷淡。直到萨克斯说得口干舌燥，总统才说：“这些都很有趣，不过政府若在现阶段干预此事，看来还为时过早。”

萨克斯心灰意冷地向总统辞别。这时，罗斯福为了表示歉意，邀请他第二天来共进早餐。这无疑又给了萨克斯一次机会。萨克斯心事重重，深知问题的严重性和紧迫性。纳粹德国在 1939 年春夏之间，连续多次召开了原子科学家会议，研究制造“铀设备”的问题，最近，又突然禁止从它的占领国捷克斯洛伐克出口铀矿石。如果数百万人的德国钢铁军团，再装备上在当时还绝无仅有的核武器，欧洲战局将难以设想。然而，美国政府对这潜在的威胁还一无所知。为此，萨克斯整夜在公园踯躅，苦苦思索着说服总统的办法。

第二天早上 7 点钟，萨克斯与罗斯福共进早餐。他还未开口，罗斯福就对萨克斯说：“今天不许再谈爱因斯坦的信，一句也不许谈，明白吗？”

可是萨克斯用了一个办法，居然说服了罗斯福。

他想的是什么办法呢？

“我想讲一点历史。”萨克斯看了总统一眼，见总统正含笑望着自己，他说，“英法战争时期，在欧洲大陆上不可一世的拿破仑，在海上却屡战屡败。这时，一位年轻的美国发明家富尔顿来到了这位法国皇帝面前，建议把法国战舰的桅杆砍断，撤去风帆，装上蒸汽机，把木板换成钢板。可是拿破仑想，船没有帆就不能走，木板换成钢板就会沉没。于是，他把富尔顿轰了出来。历史学家们在评述这段历史时认为，如果当时拿破仑采纳了富尔顿的建议，19 世纪的历史就得重写。”

萨克斯说完后，目光深沉地注视着总统。

罗斯福沉思了几分钟，然后取出一瓶拿破仑时代的法国白兰地，斟满了酒，把酒杯递给萨克斯，说道："你胜利了！"

萨克斯热泪盈眶。他说，总统的这句话，揭开了美国制造原子弹历史的第一页。

这是一个有名的打破思维定式的例子。如果萨克斯仍是照老办法去说服罗斯福，那肯定不行。现在他打破思维定式，另想办法，用历史的故事来说服罗斯福，结果是一举成功。

由此可见，让思路转个弯，让思路变个道，一念之差，一步之遥，就能化解不少问题，解决很多困难。

心理意象与自我结合

我们知道，当一个人站在镜子前面观看那个镜子中的自己时，那个关于他自己的自我意象也随之产生了。这时，在他和那个镜子中的自己之间，他面临着两个选择，接受还是不接受。如果他能满意地接受那个镜子中的自己，他就会感到自信。如果他不能接受那个镜子中的自己，他就会感到自卑。信仰和接受可能就是那个架在他自己和那个镜子中“自我意象”之间的桥梁，只有通过这座桥梁，才能顺利地到达自信的彼岸。他在这一刻选择那个自我意象的方式，可能将会最终变成一种命运般的力量决定他以后的生活。

20 世纪最重要的心理学发现之一就是“自我意象”。这种自我意象就是“我属于哪种人”的自我观念，它建立在我们对自身认知和评价的基础上。一般而言，个体的自我信念都是根据自己过去的成功或失败、他人对自己的反应、自己根据环境的比较意识，特别是童年经验自然形成的。根据这些判断，人们心里便形成了“自我意象”。就我们自身而言，一旦某种与自身有关的思想或信念进入这幅“肖像”，它就会变成真实的东西。我们很少去怀疑其可靠性，只会根据它去活动。

自我意象，就是我们对自己的认识，对自己的画像。不管我们是否能够意识到，我们都存在非常详细的自我意象。它决定了你在生活舞台中的角色形象。

我们在做任何事情的时候，都受到自我意象的影响，因为它在时时刻刻提醒我们：“你是一个……的人。”我们的意识收到这个信息后，就会去判断这样做可以、那样做不可以，从而做出各种决策。

自我意象是一个前提、一个根据、一个基础，由此而产生了我们每个人的个性、行为甚至社会大环境。如果你的自我意象就是一个能力低下、依赖别人的形象，那么你在做每件事情的时候都会对自己说："这件事我做不来。"把本来可以完成的事情推给别人，一次次地丧失成功的机遇；相反，如果你认为自己就是一个精力充沛有能力的人，你就会主动去挑战危机。

有时，为了成功，首先要在思想上打消自己退却和懈怠的想法，把自己想象成为一个成功者。想象成为一个成功者，你才有成功的勇气。因为失败是不需要避免和争取的，它就在面前，而成功是要靠努力才能够获得的。

我们的心灵创造着周遭的世界，即使两个人肩并肩地徜徉在同一块草原上，一个人的眼睛看到的情景永远不同于另一个人所看到的情景。心理学家马尔慈说，人的潜意识就是一种"服务机制"，即一个有目标的电脑系统。而人的自我意象，就如同电脑程序，直接影响着这一机制运作的结果。

如果你的自我意象是一个失败的人，你就会不断地在自己内心的"荧光屏"上看到一个垂头丧气、难当大任的自我，听到"我没出息、没有长进"之类负面的讯息，然后感到沮丧、自卑、无奈与无能，那么你在现实生活中便会注定失败。

另外，如果你的自我意象是一个成功人士，你会不断地在你内心的"荧光屏"上见到一个不断进取、敢于经受挫折和承受强大压力的自我，听到"我做得很好，而我以后还会做得更好"之类的鼓舞讯息，然后感受到喜悦、自尊、快慰与卓越，那么你在现实生活中便会自然而然地成功。

我们个人一切的个性、行为和言语方式都是建立在自我形象这个基础之上的。如果一个人从心理上逃避成功、害怕成功，在面对机会或挑战时，他就可能畏畏缩缩。这样，即使不是一个失败者，也是一个平庸之辈。

要想获得成功，就必须有一个适当、现实的自我意象伴随着自己，使自己能接受自己，拥有健全的自尊心。成功者应该不断地认识自己，不断地强化和肯定自我价值，真实地表现自我，而不是把自我隐藏或遮掩起来。

当这个自我意象完整而稳固的时候，"我"会有良好的感觉，并且会感到自信，会作为"我自己"而存在，自由地表现自己。如果它成为逃避、否定的对象，个体就会把它隐藏起来，不让它有所表现，创造性的表现也就因此而受到阻碍。

塑造积极的自我意象，改变郁郁寡欢的失败型个性不能依靠纯粹的意志力，必须要有充足的理由和足够的证据确认旧的自我意象是错误的。不能仅仅凭空想象出一个新的自我意象，除非你觉得它是有事实依据的。正如爱默生所说过的：“人无所谓伟大或者渺小。”人的世界就是自己的世界，我们的价值就是我们心中认定的价值。

独特的细节表现个人风格和自信

有一个女孩从小没了父亲，和母亲住在一个小镇相依为命。她们的生活过得很贫寒，小女孩从来就没有穿过漂亮的新衣服，她的衣服都是邻居送来的旧衣服。她的母亲甚至没有给她好好扎过一次头发，更别提给她买发夹和其他首饰了。

小女孩很自卑，老是觉得自己长得难看、寒酸，走路时总是低着头，害怕别人的眼光。她喜欢画画，一直希望镇上最有声望的画家能教自己画画。看着画家带着那些衣着光鲜、神清气爽的孩子外出写生，小女孩提不起勇气和画家打招呼。

在女孩 12 岁生日那天，妈妈破天荒给了她 20 元钱，允许她去买点她喜欢的东西。小女孩很兴奋，一时不知道该买什么好。最后，她紧紧握着钱，来到一家饰品小店，看上了一个标价 16 元的漂亮发夹。店主帮她戴在头上，对她说："瞧啊，你戴上这发夹多漂亮。"店主说完拿着镜子让女孩自己看，女孩从镜子里看到自己后，竟然惊呆了，她从来没有发现自己是如此的美丽，她觉得这个带花的发夹让她变得像天使一样美丽。

女孩不再迟疑，掏出钱买下了发夹。她内心无比激动与沉醉，接过售货员给她的 4 元零钱后转身就往外跑，结果由于激动撞在一个胖胖的中年人的肚子上，但她没有停留的意思，继续往外跑。她的后面似乎传来绅士喊她的声音，但女孩已经顾不得这些了。一路上，她有点飘飘然的感觉，而且她没有顺着来的墙角走，而是堂堂正正地走大路。她感到街上所有人都在看她，好像都在议论："瞧，那个女孩真是太美了，怎么从来不知道镇上有个这么美丽的女孩。"

迎面走来她一直渴望结识的画家，奇迹发生了，那个画家竟然亲切地和她打招呼，并问了她叫什么名字。

女孩高兴极了，她想索性用剩下的4块钱再给自己买点东西吧，于是她又返回原来的小店。店门口，被她撞到的先生拦住了她，说道："小朋友，我就知道你会回来的，瞧，你刚刚撞掉了头上的发夹，我一直等着你来取。"

原来，走在街上的小女孩的头上并没有漂亮的发夹。可是，小女孩却因"发夹"而神采奕奕、魅力四射。可见，比漂亮的首饰更能装扮她的是自信。

自信是个古老的话题。千百年来，人们出于创造美好生活的目的，都对信心抱有崇高的期望。19世纪的思想家爱默生说："相信自己'能'，便攻无不克。"

《圣经》里说：如果你有一点信心，你即会对此山说，由此处往彼移，而它就真的会移动。因而没有一件事对你而言是不可能的。

如今，我们生活在竞争异常激烈的社会里，如果没有充分的自信是很难取得成功的。自信是开启成功的"金钥匙"，有了它，就算身处绝境，亦能柳暗花明。

我们要学会欣赏自己，把自己的优点、长处统统找出来，在心中"炫耀"一番，反复刺激和暗示自己"我可以""我能行"，就能逐步摆脱"事事不如人，处处难为己"的困扰。"天生我材必有用"，自己给自己鼓掌，自己给自己加油，自己给自己戴朵花，便能撞击出生命的火花！

自信是一个人重要的精神支柱，自信是相信自己有能力实现自己既定目标的心理倾向。自信是建立在正确的认知基础上，对自己实力的正确估计和积极肯定，是心理健康的表现。战国时期毛遂因为有自信，才说服平原君，打动楚王，使得赵楚达成联盟；爱迪生因为自信，他坚持不懈，成就了他"发明大王"的美誉；哥白尼因为自信，敢于挑战"地心说"，成就了他的"天体论"；阿基米德因为自信，发出了"给我一个支点，我就能撬动地球"的豪言壮语。

这里有个故事：维克多·格林尼亚年轻时是英国瑟尔堡地区很有名的一个浪荡公子，有一次，在一个盛大的宴会上，他像往常一样傲气十足地邀请一位年轻美丽的小姐跳舞，那位姑娘觉得受到了极大的侮辱，怒不可遏地说："算了，请你站远一点，我最讨厌像你这样的花花公子挡住我的视线。"这句话刺痛了维克多·格林尼亚的心。他在震惊、痛苦之后，猛然醒悟，对自己的过去无比悔恨，决心离开瑟尔堡，去闯一条新路。他在留给家人的纸条上说：“请不要问我的下落，容我刻苦努力学习，我相信自己将来会创造一番成就的！”结果，经过八年的刻苦奋斗，他终于发明了以他的名字命名的“格式试剂”，并荣获诺贝尔奖，成为著名的化学家。

人并非天生伟大，成功者也不是天生之才，而且也不一定在少年或青年时代就是出类拔萃的人才，而自信却能决定一个人是否走向成功。像维克多·格林尼亚这样的“浪子回头金不换”，不就印证了这个道理吗？

无疑，你可暂时放松你的理智和意志力，并完全敞开你的胸怀去接受无穷的智慧。思想是一个人有权掌握的唯一对象，你必须控制你的思想，使它尽早敞开以接受无穷的智慧和力量。乔·特纳维尔说：“无论你的内心所怀抱着的意念和信仰是什么，他都可能成为现实。因此，切勿在通往无穷智慧的道路上自设路障，就像当阳光透过三棱镜时会分成很多道光束一样，当自信化作无穷智慧通过你的内心时，也会绽放出不同的光芒。”

自信不是夜郎自大、得意忘形，更不是毫无根据的自以为是和盲目乐观，而是激励自己奋发进取的一种心理素质，是以高昂的斗志、充沛的干劲迎接挑战的一种乐观情绪。自信，并非意味着不费吹灰之力就能获得成功，而是说战略上藐视困难，从一次次胜利和成功的喜悦中肯定自己，不断地突破自卑的羁绊，从而创造生命的亮点，成就事业的辉煌。

自信、自卑、自负是人的三种截然不同的心理状态。自信、自卑、自负三者之间没有绝对的界限，自信不足，则是自卑；自信有余，则是自负。自信是对自我价值的认可与坚守。自信是成功的基石，自卑和自负则是失败的滑梯。自卑是这样一种心态：对自己没有信心，看不到自己的优点，总拿自己的缺点与别人的优点相比，不能充分地认识自己，对自己过分贬低。自负则是这样的心态：对自己太过自信，看不到自己的缺点，优点是优点，缺点还是优点，并对自己盲目乐观。自卑和自负者不会成功，楚霸王自负而垓下惨败，关羽自负而痛失荆州，拿破仑自负兵败滑铁卢。

而因自卑导致失败的人就更多了。下面列举一例：

1951 年，英国有一名叫富兰克林的人，从自己拍得极好的 DNA（脱氧核糖核酸）的 X 射线衍射照片上发现了 DNA 的螺旋结构之后，他就这一发现做了一次演讲。然而，生性自卑的他又怀疑自己的假说是错误的，从而放弃了这个假说。1953 年，科学家沃森和克里克也从照片上发现了 DNA 分子结构，提出 DNA 双螺旋结构的假说，从而带领人类进入生物时代。两人因此获得了 1962 年度诺贝尔医学奖。

如果富兰克林不因自卑放弃，而是坚信自己的假说，进一步进行深入研究，这个伟大的发现肯定会以他的名字载入史册。可见，一个人如果做了自卑情绪的俘虏，是很难有所作为的。

由此可见，信心是一种精神状态，它是靠调整你的内心，让你去接受无穷的智慧；信心是成功的发电机，也是将你的想法付诸实现的原动力。我们应该有这样一种精神——不断挖掘自己的自信。

自信是一颗火热的太阳，使我们感受到它的温暖；自信是心底的一颗宝珠，什么时候用它，什么时候就会发光；自信是前进的助推器，给我们以勇气与力量；自信是征途的导航灯，伴我们跨过一道道艰险的门槛。

激发斗志

这是一场异常残酷的战斗。战斗结束后，将军十分赞赏地对一个士兵说："孩子，在整个战斗中，你最坚定地与我在一起，几乎没有离开我一步。"那士兵说："是的，将军！上前线的时候，父亲就告诉我，打仗的时候，紧紧跟着将军是最安全的！""你父亲是干什么的？"将军很好奇。那孩子说："他是个老兵。"

其实，不仅想保命的士兵要与将军在一起，想当将军的士兵也要寻找机会与将军为伍。有位哲人说过："跟优秀的人在一起，只会使你变得更优秀。"

在犹太经典《塔木德》中有这样一句话："和狼生活在一起，你只能学会嗥叫；和那些优秀的人接触，你就会受到良好的影响。"按此推理，如果两个优秀的人能走在一起，互相影响，做出的必将是壮举。无疑，保罗·艾伦和比尔·盖茨就为这一说法做出了最好的印证。

已过知命年的保罗·艾伦，似乎一直以来都掩盖在比尔·盖茨的光环之下，人们只知道他和比尔·盖茨共同创立了微软，却忘记了正是他把比尔·盖茨引入到软件这个行业。而就是这样一个软件业精英、富于幻想的开拓者、为玩耍一掷千金的豪客、投资总是失败却成功积聚巨额财富的商界巨子保罗·艾伦，却在创造着一个传奇——他有取之不尽的财源、独树一帜的投资理念，也有与众不同的成功标准。

1968年，与比尔·盖茨在湖滨中学相遇时，比比尔·盖茨年长两岁的保罗·艾伦以其丰富的知识折服了比尔·盖茨，而比尔·盖茨的计算机天分，又使保罗·艾伦倾慕不已。就是这样，两人成了好朋友，随后一同迈进了计算机王国。保罗·艾伦是一个喜欢技术的人，所以，他专注于微软新技术和新理念。比尔·盖茨则以商业为主，销售员、技术负责人、律师、商务谈判员及总裁一人全揽。微软两位创始人就这样默契地配合，掀起了一场至今未息的软件革命。

有人说，没有保罗·艾伦，微软也许不会出现；但如果不是托比尔·盖茨的福，保罗·艾伦也许连为自己的“失误”买单的钱都不可能有。而这并不是偶然，比尔·盖茨曾这样说过：有时决定你一生命运的就在于结交了什么样的朋友。换句话说，从某种角度而言，你与之交往的人或许就是你的未来。保罗·艾伦与比尔·盖茨就是这样互相决定了未来。

保罗·艾伦的成功得益于他正确选择了比尔·盖茨。但我们也不能不承认，保罗·艾伦本身独具一种超人的智慧锋芒。有人这样评价：如果没有抓住创立微软的机遇，保罗·艾伦可能只会是波音公司的一位工程师，或是一家软件公司的雇员。而一不小心挣下亿万身家，这不是每个人都能做到的。与其说保罗·艾伦是一时冲动创立微软，不如说是他远见卓识。

任何为微软立传的人都不能回避那段历史：1974 年 12 月，保罗·艾伦拿着新出的《大众电子》杂志，去给伙伴比尔·盖茨看关于世界第一台微机的报道，说服他一同创业，这才有了微软。比尔·盖茨的回忆中这样描述：“当时如果不是保罗·艾伦描绘的蓝图打动了我，也许我还会待在大学里。那么，以后所有的故事就不会发生了，我甚至怀疑自己当时是不是太过冲动。”

我们都知道，枝头上的葡萄果实累累，色香味诱人又甜美，都是因为能从树干上不断吸收营养。树枝本身是不能生存的，如果把树枝从树干上砍下，其结果一定是树枝的萎黄与枯死。同样，一个人的力量也是从人类的社会交往中得来的。

一个人从别人那里所摄取的能量越大、品质越好、种类越多，那他个人的力量就越大。假使他在社交上、精神上和道德上与他的同辈有多方面的接触，那他一定是个有力量的人。

人类好像“杂食兽”，身体和精神都需要各种食粮，而各种精神食粮，只有在和各式各样的人们的相互交往中取得。世界潜能大师博恩·崔西指出：“不管在你的现实生活还是想象中，你习惯相处的那些人，会对你的目标有极大的影响力。”所以，你一定要谨慎地选择那些你愿意花时间交往的朋友，因为他们对你的思想、人格，以及你身上的任何事情都会有影响。

你的目标应该是能够“与鹰共翱翔”，你的目标应该是和你所知道的最好的人为伍。你要学会和优秀的人、善良的人在一起，远离那些自暴自弃、没出息的人，他们每天习惯于浪费时间、牢骚不断，一逮到机会就抱怨，假如你习惯和这种人在一起，你就会变得和他们一样无所事事。

机会不是天外来物，而是人创造的，优秀的人显然会带给你更好的机会。更重要的是与优秀的人相处，可以学到优秀之人的处世为人之道，扩大自己的视野。从他们的经历中受益，不仅可以从他们的成功中学到经验，而且可以从他们的教训中得到启发。我们甚至可以根据他们的生活状况改进自己的生活状况，成为他们智慧的伴侣，这自然也会使你变得更优秀。

与最优秀的人在一起，优秀将成为一种习惯。如果错过与比我们高明的人交结的机会，实在是一种很大的不幸，因为我们常能从这种人身上得到很多益处。只有在这种交往中，我们生命中那些粗糙的部分才会被削平，才可以将我们琢磨成器。

记住，与一个比我们优秀的人交往，其价值要远大于发财获利的机会，它能使我们去发展自己高贵的品格，能使我们的力量扩增百倍。

打破陈规，与时俱进

一个人要从局限性的想法中解脱出来，进行积极的思考，存在的最大障碍是种种借口。一旦把自己看作是周围环境的受害者，我们就会悲观沮丧，信心尽失，内心深处的动力也会沉寂下去。最后，人变得慵懒消沉，不再有雄心壮志，最终完全放弃了改变现实的信念和勇气。事实上，当你试图寻找借口进行自我安慰的时候，你已经开始了作茧自缚。

耶和华将亚当和夏娃安置在伊甸园中，吩咐他们："园中树上的各种果子你们可以随意吃，只有善恶树上的果子你们不可吃。"

亚当和夏娃吃了善恶树上的果子，突然发现自己赤身裸体，从此有了羞耻感。为了躲避耶和华，他们藏在园里的树木中。耶和华呼唤亚当："你在哪里？"亚当说："因为我赤身裸体，我便藏起来了。"耶和华说："莫非你吃了我嘱咐你不可吃的树上的果子？"于是亚当踢出人类第一个皮球："是你赐给与我同居的女人，她把那树上的果子给我吃，我就吃了。"

耶和华对夏娃说："你做的是什么事呢？"夏娃又把皮球踢开："那蛇引诱我，我就吃了。"于是，耶和华惩罚蛇："你做错了这事，就必受诅咒，你必须用肚子行走，终生吃土。"

当神盘问亚当"莫非你吃了我嘱咐你不可吃的那树上的果子"时，亚当知道自己也不可能否认，但他不想承担责任，于是脑子里有了借口。他说："你赐给与我同居的女人，她把那树上的果子给我，我就吃了。"这不仅将责任全部推给了夏娃，而且还有这样的意思："神把这个女人赐予他，因此神自己也该承担责任。”这是人类典型的借口思维。

借口思维是人性的一个不良基因，在人类出现时就注入他们的思想，经过千百年的传承，“借口基因”进化得越来越巧妙，人们运用借口的能力也愈发出神入化，借口的“作用”也被发挥得淋漓尽致。

其实，人的一生有时候就是一个遗憾的过程，从错误中寻找正确，从失败中寻找成功，从黑暗中寻找光明，从不完美中寻找完美。但是，有很多人无法接受失败，他们认为失败是一种很不光彩的事，每当失败时他们总会为自己的失败找借口、找理由。当他们做事不顺心时，当他们学习不好时，当他们参加了各种比赛没有获奖时，就会怪罪于他人，就在为自己的失败找借口、找理由，这也是所有不成功的人的共同特征。为自己的失败找理由，而且抓着这些他们相信是万无一失的借口不放，以便于解释他们为何成就有限。

正因为他们将所有的精力与时间都花在寻找一个更好的借口上，因此，即使下一次重新开始，失败仍是必然的。相反，那些成功人士在遇到困难时，总是想办法解决，而不是为自己找一堆无用的借口，以借其掩饰自己的过错和失败。他们知道借口是事业成功的最大障碍，凡事都要从自己的身上找原因，而不是怨天尤人。

著名的美国西点军校有一个久远的传统，遇到学长或军官问话，新生只能有四种回答：

“报告长官，是。”

“报告长官，不是。”

“报告长官，没有任何借口。”

“报告长官，我不知道。”

除此之外，不能多说一个字。

新生可能会觉得这个制度不公平，例如军官问你：“你的腰带这样算擦亮了吗？”你当然希望为自己辩解。但是，你只能有以上四种回答，别无其他选择。

在这种情况下，你也许只能说：“报告长官，不是。”

如果军官再问为什么，唯一的适当回答只有：“报告长官，没有任何借口。”

这既是要新生学习如何忍受不公平——人生并不是永远公平的，同时也是让新生们学习必须承担责任的道理：现在他们只是军校学生，恪尽职责可能只要做到服装仪容的要求，但是日后他们肩负的却是其他人的生死存亡。因此，“没有任何借口”！

从西点军校出来的学生许多人后来都成为杰出的将领或商界奇才，不能不说这是“没有任何借口”的功劳。

真诚地对待自己和他人是明智和理智的行为，有些时候，为了寻找借口而绞尽脑汁，不如对自己或他人说“我不知道”。这是诚实的表现，也是对自己和他人负责的表现。

心境的封闭

改变行为可以改变心态，自信的行为可以帮助你走出封闭的心境。据专家介绍，下面这些行为是非常有效的。

1. 挑前面的位子坐，准备被关注和发言。你是否注意到，无论在教堂还是教室的各种聚会中，后面的座位是怎么先被坐满的吗？大部分占据后排座位的人，都希望自己不会“太显眼”，而他们怕受人注目的原因就是缺乏信心。坐在前面能建立信心，把它当作一个规则试试看，从现在开始就尽量往前坐。当然，坐前面会比较显眼，但要记住，成功的过程和成功的结果都是显眼的。惧怕显眼就是惧怕成功，要想成功，首先要不惧怕显眼。

2. 练习正视别人。一个人的眼神可以透露出许多有关他的信息。某人不正视你的时候，你会直觉地问自己：“他想要隐藏什么呢？他怕什么呢？他会对我不利吗？”不正视别人通常意味着：在你旁边我感到很自卑，我感到不如你，我怕你；躲避别人的眼神意味着：我有罪恶感，我做了或想到什么我不希望你知道的事，我怕一接触你的眼神，你就会看穿我。这都是一些不好的信息。正视别人等于告诉他：我很诚实，而且光明正人。要让你的眼睛为你工作，就是要让你的眼神专注于别人。这不但能给你信心，还能为你赢得别人的信任。

3. 加快步伐 25%。许多心理学家将懒散的姿势、缓慢的步伐跟对自己、对工作以及对别人不愉快的感受联系在一起。同时，心理学家也告诉我们，借着改变姿势与速度，可以改变心理状态。你若仔细观察就会发现，身体的动作是心灵活动的结果。那些遭受打击、被排斥的人，走路都是拖拖拉拉的，完全没有自信心。另一种人则表现出超凡的信心，走起路来比一般人快，像跑。他们的步伐告诉整个世界："我要去做很重要的事情，更重要的是，我会在15分钟内成功。"使用这种"走快25%"的技术，抬头挺胸走快一点，你就会感到自信心在滋长。

4. 练习当众发言。一定要这样去做，因为这不仅是训练自信的必经之路，而且是成功必需的素质，许多人就是靠杰出的演讲技能走上成功之路的。所以，从技能上讲，无论怎样强调当众发言都不过分。拿破仑·希尔指出，有很多思路敏锐、天资高的人，却无法发挥他们的长处参与讨论，并不是他们不想参与，而是因为他们缺少信心。在会议中沉默寡言的人都认为："我的意见可能没有价值，如果说出来，别人可能会觉得很愚蠢，我最好什么也不说。而且，其他人可能都比我懂得多，我并不想让他们知道我这么无知。"这些人常常会对自己许下很渺茫的诺言："等下一次再发言。"可是他们很清楚自己是无法实现这个诺言的。每次这些沉默寡言的人不发言时，他就又中了一次缺乏信心的毒素了，他会越来越不自信。良性的循环是这样一种强化模式：尽量发言，就会增加信心，同时下次也更容易发言。所以，要多发言，这是信心的推进剂。不论参加什么性质的会议，每次都要主动发言，或者参与评论，或者建议，或者提问题。而且，不要最后才发言。要做破冰船，第一个打破沉默。也不要担心自己会显得很愚蠢，因为总会有人同意你的见解。所以，不要再对自己说："我怀疑我是否敢说出来。"用心获得会议主席的关注，好让你有机会发言。

5. 开怀大笑。大部分人都知道笑能给自己很实际的推动力，它是医治信心不足的良药。但是仍有许多人不相信这一套，因为他们在恐惧时从不试着笑一下。真正的笑不但能治愈自己的不良情绪，还能马上化解别人的敌对情绪。如果你真诚地向一个人展颜而笑，他实在无法再对你生气。

6. 不做"别人怎么看"的奴隶。你已经是一个成年人，你的决策是你自己的事情，只要不侵犯他人的权益，谁都没有权力控制你。做事情的时候，你尽可能去倾听智者的建议，但做决定的还是你自己。

定律 4

发自内心的束缚

逃出心理魔障

一家铁路公司有一位调度员名叫尼克，他工作相当认真，做事也很负责尽职，不过他有一个缺点，就是他对人生很悲观，常以否定的眼光去看这个世界。

一天，铁路公司的职员都赶着去给老板过生日，大家都急急忙忙地提早走了。不巧的是，尼克不小心被关在一个待修的冰柜车里。尼克在冰柜中拼命敲打着喊着，全公司的人都走了，根本没有人听得到。尼克的手掌敲得红肿，喉咙叫得沙哑，也没人理睬，最后只得颓然地坐在地上喘息。他愈想愈害怕，心想：冰柜内的温度只有 −5℃，如果再不出去，一定会被冻死。他只好用发抖的手，找了笔纸来，写下遗书。

第二天早上，公司的职员陆续来上班。他们打开冰柜，赫然发现尼克倒在地上。他们将尼克送去急救，已没有生命迹象。但是大家都很惊讶，因为冰柜的冷冻开关并没有启动，这个巨大的冰柜也有足够的氧气。更令人纳闷的是，柜子的温度一直是略低于外界温度的 16℃，但尼克竟然给“冻”死了。

尼克并非死于冰柜的温度，他是死于心中的冰点。他已给自己判了死刑，又怎么能够活得下去呢?

不少人经历过失恋，有人会说：“没有什么比现在更糟糕的了”；有人被炒鱿鱼了会说：“没有什么比现在更糟糕的了”；甚至于不慎丢失了一个手机，也有人说：“没有什么比现在更糟糕的了。”事实真的是这样吗?

你现在不妨仔细想想，从小至今从你的嘴里或心里说过了多少次“没有什么比现在更糟糕”？儿童时失手打碎了邻居家的花瓶，少年时考试未及格，青年时和初恋的爱人分手……这些类似的事情，在当时你的眼里也许都是一件件糟糕透顶的事。你为此焦虑、悲伤，甚至痛不欲生。但时过境迁之后的今天，你还会认为那些事情“糟糕透顶”吗？

大约5岁那年的一天，我到一间无人住的破庙里去玩。当我爬到高高的窗台掏鸟窝时，竟发现鸟窝中盘着一条吐着红信的蛇。我吓得从窗台上掉了下来，手臂摔断了，还失去了左手的一根小指。

我当时吓呆了，以为今生完了。但是后来身体痊愈，也就再没为这事烦恼。现在，我几乎从没想到左手只有四根手指。

几年前，我在广州遇到一个开电梯的工人，他在事故中失去了左臂。我问他是否感到不便，他说：“只有在缝针的时候才感觉到。”

人在身处低谷时，适应环境的能力真是惊人。人可以忍受不幸，也可以战胜不幸，因为人有着惊人的潜力，只要立志发挥它，就一定能渡过难关。

小说家达克顿曾认为除双目失明外，他可以忍受生活上的任何打击。在他60多岁时，他双目失明了，他说：“原来失明也可以忍受。人能忍受一切不幸，即使所有感官都丧失知觉，我也能在心灵中继续活着。”

我并不主张人应逆来顺受，就是说：只要有一线希望，就应奋斗不止。但当你面对无可挽回的事时，就要想开点，不要强求不可能的结果。

著名的话剧女演员波尔特德就是这样一位达观的女性。她在四大洲各地的戏剧舞台上演出了50多年。当她71岁住在巴黎时，突然发现自己破产了。更糟糕的是，她在乘船横渡大西洋时，不小心摔了一跤，腿部伤势严重，引起了静脉炎，医生认为必须把腿部切除，但又不敢把这个决定告诉波尔特德，怕她忍受不了这个打击。

可是他错了，波尔特德注视着这位医生，平静地说：“既然没有别的办法，就这么办吧。”

手术那天，波尔特德在轮椅上高声朗诵戏剧里的一段台词。有人问她是否在安慰自己，她回答：“不，我是在安慰医生和护士，他们太辛苦了。”

后来，波尔特德继续在世界各地演出，又重新在舞台上工作了7年。

如果硬要用全部精力与不可避免的事情抗争，就不可能再有精力重建新的生活。

为什么汽车的轮胎能经得起长远的碾磨呢？一开始人们设计出刚性很强的抗震车胎，但用不了多久，就被磨损得七零八落。后来经过研究试验，制造出既有柔性又耐磨的防震车胎，这才经得住磨损。如果我们也能像这种车胎一样，那我们也会生活得稳定和长久。

走出困境

有一个女孩被强暴了，非常痛苦，她就去找心理学家咨询，一见到心理学家就哭了，并泣不成声地说：“我好惨啊，我太不幸了，我这一辈子都忘不了这件事情……”

心理学家当场对她说：“这位小姐，你被强暴是你自愿的。”

听完这句话，这位小姐吓了一跳，说：“你说什么，我怎么可能自愿被强暴？”

心理学家对她说：“你被他强暴一次，但如果你的心里天天心甘情愿地被他强暴一次，那你一年下来，就会被他强暴 365 次。”

“这是怎么回事呢？”女孩不解地问。

“在你身边发生了一件不好的事情，你好像看了一场不好的电影一样，天天在回想，这不是很笨的事情吗？这与重蹈覆辙有什么区别呢？”

事实上，人的注意力是有限的。当你在注意一件事情的时候，你就注意不到其他事情。所以，从抑郁中摆脱出来的方法并不复杂，只要你脑海中的“电影”改变了，你不要再在脑海里放你不喜欢的电影，而去放一部新的、喜欢的电影，就很容易改变这种情况。

让我们来看一个发生在非洲的故事。有位探险家到非洲一个尚未开发的地区去，他随身带了些小饰物要送给当地土著，礼物当中还包括两面能照全身的镜子。探险家把这两面镜子分别靠在两棵树旁，然后席地而坐，与随行的人商议探险的事。这时，有个土著手持长矛走了过来，他望见镜子，并从中看到了他自己的影子，他立刻对着镜里的影子刺了过去，就像那是个真人一样，他发动各种攻势要置镜中人于死地，当然，镜子当场粉碎。

这时，探险者走了过来，问他为什么要打破镜子？土著答道：“他要杀我，我就先杀死他。”探险家告诉他镜子不是这么用的，说着把土著人带到另一面镜子前，示范道：“你看，镜子这个东西可以用来看看头发有没有梳整齐，看看脸上的油彩涂得好不好，看看自己的身体有多么魁梧强壮！”

土著人惊叹道：“哇，我不知道。”

成千上万的人正像那个土著人一样。他们终其一生都与自己的生命为敌，认为无处不是艰苦的奋战，结果也真的弄得痛苦不堪。他们总是疑心有人与自己为敌，结果当然有；他们总是预期生活中有解决不完的问题，结果也真如其所料。

这种认识由来已久，而许许多多还没认清自己“能力”的人也将继续因循下去。这种能使世界完全改观的力量就像未出土的钻石一样，将永远深藏在地底。而多数人仍将过着平庸甚至可悲的日子，因为他们错失了这股力量，也一直未能及时再次把握它。英国作家萨克雷有句名言：“生活是一面镜子，你对它笑，它就对你笑；你对它哭，它也对你哭。”确实，不管你生活中有什么不幸和挫折，你都应以欢悦的态度微笑着对待生活。

下面介绍几条原则，只要你反复地认真实行，就能减轻你处在低谷时的烦恼。

1. 别在伤口上撒盐

如果某些烦恼的事已经发生，你就应正视它，并努力寻找解决的办法。如果这件事已经过去，那就抛弃它，不要把它留在记忆里，尤其是别人对你的不友好态度，千万不要念念不忘，更不要说：“我总是被人曲解和欺负。”当然，有些不顺心的事，适当地向亲人或朋友吐露，可以减轻烦恼造成的压力，这样你的心情也许会好受一些。

2. 要朝好的方向思考

有时，人们变得焦躁不安是由于碰到自己所无法控制的局面。此时，你应承认现实，然后设法创造条件，使之向着有利的方向转化。此外，还可以把思路转向别的什么事上，诸如回忆一段令人愉快的往事，让它驱散心中的烦恼。

3. 不切合实际的否定

做事情总要按实际情况循序渐进，不要总想一口吃个胖子。有人一生都在为金钱、权力、荣誉奋斗，可是，这类东西获得越多，你的欲望也就会越大。这是一种无止境的追求。一个人发财、出名似乎是一下子的事情，而实际上并不然。因此，你应在怀着远大抱负和理想的同时，随时树立短期目标，一步步地实现你的理想。

不要过度追求美好

美国某机构进行一项调查，向 150 名年收入 5 万 ~20 万美元的推销员提出一系列问题。结果发现，他们之中约有 14% 是属于追求完美的人。可以预料的是，这 14% 的人所受的压力，比其他那些不追求完美的人要大得多。但他们的成就是否更大呢？说来奇怪，答案都是否定的。这些追求完美的人在生活中虽然经常感到焦虑和沮丧，可是没有任何证据显示他们的收入较其他人更高。

上面所说的“追求完美”究竟是什么意思呢？有些人以争取高水准为荣，他们要求的是合理的卓越表现，这种健康的追求，并非“追求完美”，而是一种正常的上进心。所谓“追求完美”，指的是一个人强迫自己努力达到一个可望而不可即的目标，并且完全用成就来衡量自己的价值。结果，他们变得极度害怕失败。他们感到自己时时刻刻都在受到鞭策，同时又对自己已取得的成就不满意。事实证明，强逼自己追求完美不但有碍健康，会引起沮丧、焦虑、紧张等不安情绪的症状，而且在工作效果、人际关系、自尊心等方面亦会自招失败。

我们必须研究一下，为什么追求完美的人特别容易引发情绪不安？为什么他们的工作效率反会受到损害？其中一个原因，就是他们以一种不正确和不合逻辑的态度看人生。

追求完美的人最普遍的错误想法，就是认为工作学习中有一点不完美便毫无价值。譬如说，一个每科成绩都取得甲等的学生，由于在一次考试中有一科拿了乙等成绩，因而大感沮丧，认为那就是失败。这类想法导致追求完美的人害怕犯错，而且一旦犯错后又很容易做出过分的反应。

他们的另一个误解是相信错误会一再重复，认为“我永远都不能把这件事做对”。追求完美的人不会自问能从错误中学到什么，而只是自怨自艾，说：“我真不该犯这样的错，我绝不能再犯了！”这种自责的态度导致其产生一种受挫和内疚的感觉，反而会使他们重复犯同样的错误。

为了帮助追求完美的人戒除这个心理习惯，应首先请他们列出追求完美的好处和弊端。一名向心理医生求助的大学生只举出一个好处：“这样做有时会使自己得到优秀成绩。”接着她列出 6 个弊端：“第一，它令我神经非常紧张，有时连普通成绩也拿不到；第二，我往往不顾冒险犯错，而那些错误却是创作过程中所必然会发生的；第三，我不敢尝试新的东西；第四，我对自己诸多苛求，令生活失去了乐趣；第五，由于总是发现有些东西未臻完美，因此我根本不能松弛下来；第六，我变得不能容忍别人，结果别人认为我吹毛求疵。”根据这个利弊分析，她终于认为若放弃追求完美，生活可能会更有意义和更有成就。

假如你的目标切合实际，那么，通常你的心情会较为轻松，工作学习也较有信心，自然而然便会感到自己更有创造力和工作成效。这里并不是要你放弃努力奋斗，不过，事实上你也许会发现，在你不是一味追求出类拔萃的成就，只是希望自己确实有良好的表现时，反而可能会获得一些最佳的成绩。

你也可以用自我反省自问的方式来抵制追求完美的思想，例如：“我从错误中可以得到什么？”你可以做个实验，想想你犯过的某一项错误，然后把从中得到的教训详列出来，这样便可促使你去学习新事物，从而提高在人生道路上前进的能力。

你要牢记，追求完美心理的背后隐藏着恐惧。当然，追求完美也有一个好处，就是无须冒失败和受人批评的风险。不过，你同时会失去进步、冒险和充分享受人生的机会。说来奇怪，敢于面对恐惧和保留犯错误权利的人，往往生活得更快乐和更有成就。

自我宽恕定律

如果你仔细观察周围，你就会发现，在我们宁静的生活中，大多数人都是和蔼可亲的，富有爱心的，也是宽容的。如果你犯了错真诚地要求他人宽恕时，绝大多数人不仅会原谅你，而且事后他们也会把这事儿忘得一干二净，使你再次面对他们时一点愧疚感也没有。

可贵的是，我们这种亲切的态度对所有人都一样，没有什么种族、地域、民族的分别；但有时它就只对一个人例外。谁？没错，就是我们自己。

也许你会怀疑："人类不都是自私的吗？怎么可能严于律己宽以待人？"是的，人总是会很容易原谅自己，不过，这只是表面上的饶恕而已，如果不这么自我安慰的话，如何去面对他人？但在深层的思维里，一定会反复地自责："为什么我会那么笨？当时要是细心一点就好了。"或是："我真该死，怎能让这样的错误发生？"

如果你还不相信，请你再想想自己有没有犯过严重的错误，如果想得出来的话，那你一定有过耿耿于怀，并没真正忘了它。表面上你是原谅了自己，实际上你是将自责收进了潜意识里。

我们可以对他人这么宽容，难道自己就没有资格获得这种仁慈的对待吗？

没错，我们是犯了错，但除了上帝之外，谁能无过？犯了错只表示我们是个普普通通的人，不代表就该承受如下地狱般的折磨。我们唯一能做的只是正视这种错误的存在，在错误中学习，以确保未来不会发生同样的憾事。接下来就应该使自己得到绝对的宽恕，尽快把它给忘了，甩掉心中的包袱继续往前进。

人的一生中犯的错误可多了，要是对每一件事都深深地自责，一辈子都要背负着一大包的罪恶感生活，你还能奢望自己走多远?

犯错对任何人而言，都不是一件愉快的事情，一个人遭受打击的时候，难免会格外消沉。在那一段灰色的日子里，你会觉得自己就像拳击失败的选手，被那重重的一拳击倒在地上，头昏眼花满耳都是观众的嘲笑和心中那失败沮丧的感觉。在那时候，你会觉得自己简直不想爬起来了，觉得你已经再没有力气爬起来了！可是，你会爬起来的，不管是在裁判数到十之前，还是之后。而且，你还会慢慢恢复体力，平复创伤，你的眼睛会再度张开来，看见光明的前途。你会淡忘掉观众的嘲笑和失败的耻辱，会为自己找一条合适的路——不要再去做挨拳头的选手。

玛丽·科莱利说："如果我是块泥土，那么我这块泥土也要预备给勇敢的人来践踏。"如果一个失败者在表情和言行上时时显露着卑微和失望，每件事情都不信任自己、不尊重自己，那么这种人将永远得不到别人的尊重。

造物主给予人巨大的力量，鼓励人去从事伟大的事业。这种力量潜伏在我们的脑海里，使每个人都具有客观存在的韬略伟才，能够精神不灭、万古流芳。如果一个人不尽到对自己人生的职责，在最有力量、最有可能成功的时候不把自己的力量施展出来，那么就不可能成功。

记住：宽恕、忘怀、前进。宽恕自己，才能把犯错与自责的逆风，变为化雨的东风推着你走向成功。

每次失败的经验和教训

常常听到有人喟然长叹：“老了，不中用了。”似乎奋发进取都是年轻人的事，老年人呢，早该退居二线，死守风烛残年了。年龄果真有如此大的魔力吗?

“姜太公钓鱼”讲的就是年已老迈的姜太公因怀才不遇，只得以钓鱼度日，最终遇上“伯乐”的故事。姜太公钓鱼很特别，他用的是没有钓钩的鱼钩，据说是以示公道。直到 80 多岁才遇上了周朝的开国君主周文王，徒而辅佐他得天下。

拯救了美国克莱斯勒集团公司的艾柯卡，将一大群早已退休的优秀人才组织到他的行政班子中，成为他的得力助手。每次他去日本出差，遇上朋友大都是老年人，最年轻的也有 74 岁了。因此，他在自传中愤慨地说：“退休制度简直是一种扼杀天才的方法。”我们也要愤慨地说：绝不能以老弱论英雄。

人的潜力是巨大的，年龄这东西，只不过是一种生理现象，对个人才干的发挥没有多大影响。莫道桑榆晚，挥剑斩西风。

大家知道，肯德基是一种流行于世界各地的快餐，但它是怎样创办出来的呢?追根溯源，要首推桑德士上校了。桑德士上校原本有一家生意兴隆的汽车旅馆，他原准备依赖这个旅馆来安度晚年，不幸的是，城市的规划建设将原本为他带来财源的高速公路改道了。旅馆被迫关门，财路断了，他的身上除了有一份制作炸鸡的调味处方单外，一无所有了。于是，他离开了这个给过他梦想的地方，来到了加拿大，准备重整炸鸡事业，闯出一番轰轰烈烈的事业来。然而，他失败了，70 多岁的他再一次受到沉重的打击，但是，他没有退却。他又回到自己的家乡，苦心研究，决心卷土重来。终于，他成功了，成为炸鸡事业的“鼻祖”。

发展麦当劳汉堡的瑞克雷又是怎样成功的呢？他同样经历了一段很长时间的“潜伏期”，才抓住这个成功的机会。他原本是一名普通的售货员，一次偶然机会来到麦当劳兄弟的快餐店，清洁而高效的操作深深地触动了他：为什么不将它扩展呢？于是，52岁的他，把快餐店从麦当劳兄弟手中买过来，着手另选店面“扩大再生产”。从此，一家本不起眼的麦当劳快餐店发展成为世界上增长最快的快餐店。

从上述几个例子可以看出，判断一个人年轻与否并不能单从生理年龄上来划分，重要的是要看他还有没有保持那种年轻的心境。也就是说，人不分老幼，只有保持青春的活力，才会永远年轻。

青春，并不是特指我们一生中某一时间阶段，而是一种心理状态，它代表一种生命的力量，一种昂扬的意志，一种充满理想的能力，一种向着目标迈进的动力。它不会随着年龄的增长而衰减，而是让人忘记年龄，永葆青春。

有些人之所以过早衰老，并不是因为年岁与日俱增，而是因为他放弃了理想，放弃了目标，因而也就丧失了生命的热忱。这时，他的精神自然就表现为萎靡不振，郁郁寡欢，似乎一下子老了几十岁。一旦给予他新的生活信心，也就等于给予他激昂的斗志、蓬勃的生机和旺盛的活力，因此，整个人都会显得活泼开朗乃至焕发出青春的光彩。

“年轻就是资本。”当我们身处低谷，一无所有时，记住，拿出你这个唯一的很有可能别人没有的资本，以最小的成本获取最大的利润，相信低谷会给你一个青春永驻的最好机会。

冷静思考，突破自己

生活中出现低谷，也就意味着出现棘手问题需要我们处理。

如何面对问题？如果不能坦然面对它、接受它，就谈不到如何放下它、处理它。而事实上，一旦事情出现后，首先要求我们不要发牢骚，而是要设法改善它，需要的是行动，而不是抱怨。若不能改善，我们也要面对它、接受它，绝不能逃避。逃避责任，损失依然在那里，是不合算的，改善与处理已出现的糟糕局面才是最聪明的。

经过一番周密计划的事物也不一定完全可靠，也会发生意料之外的情况，这时候就更应该接受它，然后想办法处理它。

所以，如果计划之中的事在进行过程中发生问题，不必伤心也不必失望，应该继续努力，争取将损失减到最小，不要轻易放弃希望；如果事先经过详细的考虑，判断预先的结果不可能成功，那也只好放下它，这和未经努力就放弃是截然不同的。

这一切，都需要我们的冷静。我们要告诉自己：任何事物、现象的发生，都有它一定的原因。在紧急的情况下我们无法追究原因，也无暇追究原因，唯有面对它、改善它，才是最直接、最要紧的。也就是说，遇到任何困难、艰辛、不平的情况，都不要逃避，因为逃避不能解决问题，只有用我们的智慧和勇气把责任担负起来，才能真正从困扰的问题中获得解脱。

日本的船井先生大学毕业后，曾在几家经营公司工作过。由于他秉性倔强，经常和上司产生矛盾，最后总是毅然离去。

船井先生充满自信而且有着卓越的才能，因而开始独立创业。但是，他主办的经营研究班开课了也没有人来听。后来他才深切体会到，别人依据的是招牌而不是个人实力。接着，他结了婚有了孩子，却突然发生了妻子撒手而去的惨剧，抱着还在吃奶的孩子，他绝望了，感到自己已无路可走。

过了一段时间他又有缘再婚，在开朗大度的妻子的支持下，研究班在流通行业中重新开始活动。针对当时刚刚崭露头角的超市等流通行业，船井先生开始着手使其正规化的顾问工作，终于取得了连战连捷的成果。

不可否认，正是这一切造就了今天的船井先生的崛起。

船井先生劝告大家："即使经历了自己最爱的人因某些事故死亡的痛苦，也请把它想成是命中注定的、必然的或能使你转运的最佳事情。"

仔细想想就能明白，一味地悲伤是改变不了现状的，一切都不可能复原，与其一味悲伤导致第二次不幸，不如振奋精神，转换思路，积极向前开拓自己的人生。除此之外，没有其他更好的可以改变现状的办法。

如果是工薪阶层，他们通过人事调动、升职、降职的变化，很多人都会有"祸中有福，福中有祸"，抑或是"塞翁失马，焉知非福"的感受吧。例如，日本一家公司丸红社的社长春名和雄先生，原作为董事准备升任大阪分公司经理，由于发生了著名的洛克希德飞机公司（行贿）事件，社长、下任社长候选人以及与此相关的董事都被牵连其中，最后，和此事件毫无关联的春名先生意外地坐上了社长的交椅。

春名先生的人生警句中有这样一段话：

"幸运女神总是从你的身后慢慢地向你走来，因此，自己也和着幸运女神的脚步慢慢地向前奔去。其间，幸运女神追上了自己并和自己并肩前行。然后，她会抓起你的身体负在背上一口气向前飞奔。"

1945 年 8 月，日本终于宣告投降。玛丽·布朗太太坐在位于加拿大渥太华的家中，静听一室的寂静与空虚。

几年前，她的丈夫死于车祸。接着，与她同住的母亲也因病去世。最后，根据布朗太太的描述，其悲剧的发生经过是这样的：

"当许多钟声和汽笛声都在宣告和平再度降临的时候，我唯一的儿子达诺，却在此时牺牲了。我已失去了丈夫和母亲，如今儿子一死，我是完全孤孤单单的人了。”

“孩子的葬礼结束之后，我独自走进空荡荡的屋子里，我永远也不会忘记那种空虚、无助的感觉。世界上再也没有一处地方比这儿更寂寞的了，我整个人几乎被哀伤和恐惧所充满——害怕今后将独自一人生活，害怕整个生活方式将完全改变。而最可怕的，莫过于我将与哀伤共度余生，这才是最让我感到恐惧的。”

接下去的几个星期，布朗太太完全生活在一种茫然的哀伤、恐惧和无助的包围里。她迷惑又痛苦，全然不能接受眼前发生的一切。她继续描述道：“我渐渐地明白了时间会帮助我治疗伤痛，只是感到时间过得实在太慢了，因此，我必须做些事来忘记这些遭遇。我要再度回去工作。”

“随着时间一天天过去，我也逐渐对生活再度发生了兴趣——如我的朋友、同事等。一天清晨，我从睡梦中醒过来，忽然发现所有不幸均已成为过去，我知道今后的日子一定会变得更好。而‘用头撞墙’的举止是愚蠢可笑的，是不能面对现实的表现。对于那些我无法改变的事实，时间已教会我如何承担下来。”

“虽然整个改变进行得十分缓慢，不是几天或几个星期，而是逐渐来临，但是，它确实已经发生了。”

“现在，当我回过头去观看那段生活，就会感到好像一条小船在经历一场巨大的风浪后，如今又重新驶回风平浪静的海面上。”

许多类似布朗太太这样的悲剧，往往很难让我们理解为什么它偏偏会发生在自己的身上，因此最好先面对它们、接受它们。当布朗太太强迫自己接受失去家人的事实，便已预备要让时间来治疗心灵的痛楚。她清楚如果抗拒命运就像把毒药倾倒在伤口上，无法让自己开始新的生活。

有一个方法可以让我们面对低谷——接受它。当我们的生活被不幸遭遇分割得支离破碎的时候，只有时间的手可以重新把这些碎片捡拾起来，并抚平它；但是我们要给时间一个机会。在刚遭受打击的时候，整个世界似乎停止了运行，我们的苦难也似乎永无止境。但无论如何，我们总得往前走，去完成自己生命计划中的种种目的。而一旦我们完成了这些生命中的一项一项的工作，痛楚便会逐渐减轻。终有一天，我们又能唤起以往快乐的回忆，并且感受到被新的生活护佑着，而不是被伤害。要想克服不幸的阴影，时间是我们最好的盟友，但唯有我们把心灵敞开，完全接受那不可避免的命运，我们才不会沉溺在痛苦的深渊里。

抚养三个小孩的克文女士，在医生那儿听到了一个噩耗：她的丈夫得了一种严重的心脏病，很可能会随时病发身亡。

“我听了医生的话感到恐惧不已，并且开始担忧。”克文女士写信给我时这么说道：“我几乎每天晚上都不能入睡，没多久便瘦了 15 斤，医生认为我是过于神经质。一天晚上，我又失眠了，便反问自己总是这么担惊受怕是否于事有补。到了第二天早上，我便开始计划自己应该做些有用的事。由于我丈夫精于木工，并曾亲自做出过许多种家具，所以我要求他替我做了个床头小桌。他答应下来，并且花了好几个下午认真去做。我注意到这个工作带给他极大的乐趣，于是过后，他又为朋友做了好多家具。”

“除此之外，我们还开辟了一片园地，开始种花种菜。我们把收获最好的瓜果蔬菜送给朋友，并尽量想出一些我们可以帮助别人的事来做。假如一时没有什么事情，我们便坐下来讨论有关种植果树等种种计划。”

“在一天凌晨一点多的时候，我的丈夫突然病发过世。后来，我发现最近这几年中，我们一直把这可怕的压力放在一边，度过了有生以来最快乐、最有意义的生活。我就是这样面对悲剧，并尽力用最好的方式去接受它。”

克文女士用无比的勇气来面对不幸，使她丈夫在最后几年的岁月里过得快乐又有意义，而她自己本人也因此留下一段美好的回忆。

生命并不是一帆风顺的幸福之旅，而是时时摇摆在幸与不幸、沉与浮、光明与黑暗之间的模式里。我们不能像鸵鸟一样把头埋在沙堆里面，拒绝面对各种麻烦，而麻烦也不会因你的消极悲观获得解决。低谷不过是人类生活的一部分，只有客观现实地去面对，才是真正成熟的表现。

美国 21 岁的士兵麦克奉命参加以色列和阿拉伯之间的战争。他在一次战役中受了严重的眼伤，眼睛因此看不见东西。虽然他遭受了这么大的伤害和痛楚，但表现的个性仍然十分开朗。他常常与其他病人开玩笑，并把分配给自己的香烟和糖果分赠给好朋友。

医生们都尽心尽力想恢复麦克的视力。一日，主治大夫亲自走进麦克的房间向他说道：

“麦克，你知道我一向喜欢向病人实话实说，从不欺骗他们。麦克，我现在要告诉你，看来你的视力是不能恢复了。”

时间似乎停止下来，这一刻病房里呈现可怕的静默。

“大夫，我知道。”麦克终于打破沉寂，平静地回答道，“其实，这些天来我也知道会有这个结果，非常谢谢你们为我费了这么多心力。”

几分钟之后，麦克对他的朋友说道：

“我觉得我没有任何理由可以绝望。不错，我的眼睛瞎了，但我还可以听得很好，讲得很好啊！我的身体强壮，不但可以行走，双手也十分灵敏。何况，就我所知，政府可以协助我学得一技之长，让我维持今后的生计。我现在所需要的，就是适应一种新生活罢了。”

这就是麦克，一名拥有明亮视野的盲眼士兵。由于他忙着计算和梦想自己所拥有的幸福，因此他没有时间去诅咒自己的不幸。这便是百分之百的成熟，也就是我们要面对低谷的方法。每个人在有生之年都要面对这样的考验——你、我，或者还有住在我们隔壁的那个邻居。

对于那些叫喊“为什么这会发生在我身上”的人来说，这里只有一个答案：“你为什么不能这样面对低谷呢？”

命运并不偏爱任何人。我们每一个人都得经历一些苦难，正好像我们也历经许多欢乐一样。生活本身迟早会教育我们：接受苦难的生活经历和磨炼，对我们每个人都是平等的。无论是国王或乞丐、诗人或农夫、男人或女人，当他们面对伤痛、失落、麻烦或苦难的时候，他们所承受的折磨都是一样的。无论是任何年纪，不成熟的人会表现得特别痛苦或怨天尤人，因为他们不了解诸如生活中的种种苦难，像生、老、病、死或其他不幸，其实都是人生必经的磨炼阶段。记住：磨难是人生的课堂，不幸是人生的大学，只有经历过磨难和不幸并昂首走过来的人，才是成功者。

转移注意的天性

一位教育学教授在班上说："我有三字箴言要奉送各位，它对你们的学习和生活都会大有帮助，而且这是一个可使人心境平和的妙方，这三个字就是：不要紧。"不让挫折感和失望破坏平和的心情，是享受生命的重要一课。我们往往会自我夸大失败和失望，以为那些事都非常要紧，以至于每次都好像到了生死的关头。然而，许多年过去后，回头一看，我们自己也会忍不住笑自己，为什么当初竟把那么丁点小事看得那么重要呢？时间是治疗挫折感的方式之一，只有学会积极地面对挫折，才能避免长时间的漫长而痛苦的恢复过程，并且能使这个过程变成一段快乐享受的时光。

安娅·贝特曼爱上了英俊潇洒的杰克先生，她确信找到了自己的白马王子。可是有一天晚上，杰克温柔婉转地对她说，他只把她当作普通朋友。贝特曼心中以杰克为中心构想的爱情大厦顷刻土崩瓦解了。那天晚上贝特曼在卧室整整哭了一夜，她甚至感到整个世界都失去了意义。但是，随着时光一天天过去，她发现没有杰克她也能生活得很幸福，并相信将来肯定会有另一个人成为她的白马王子。果然，一个更适合她的小伙子来了，他们结婚生子，日子过得非常快乐。但是，有一天，贝特曼和丈夫得到一个坏消息：他们把自己的储蓄投资做生意赔掉了。贝特曼想：这次可真的是太要紧了，今后一家人的生活将怎样维系呢？这时，她听到了屋子外面孩子玩耍发出的兴奋的喊叫，她扭头看去，正好看到孩子冲她笑着。孩子灿烂的笑容使她立刻意识到，一切都会过去，没有什么要紧的。于是，她又打起精神来和一家人平安地渡过了那个难关。她说："人生在世，有许多要紧的事情，也有许多使我们的平和心情和快乐受到威胁的事情，冷静地想一想，实际上这一切也许都是不要紧的，或者不像我们所想象的那样要紧。”

经常对自己说“不要紧”，这种心理调节方法实际上是建立在一个很深刻的哲学思考上的，即：我们的生命是什么。对这个问题的回答决定着我们对生活价值的判断、生活的行动，当然也就决定着我们生活的心态。有的人把生命看作是占有，占有金钱，占有权力，占有财富，占有名利，占有……这样的生命，总是把人生的意义定在一个点上，当这个点实现后，就开始追逐下一个点。也许当他到达一个具体的点时，会有一个瞬间的快乐，但很快就会被实现下一个点的焦虑所代替。在这样的人生中，人本身只是一个不断地追逐目标的工具，而不是生活本身。所以，人生总是被忙碌、焦虑、紧张所充斥，争名夺利患得患失，到死也没能放松地享受一下生命的美好。而有的人则把生命看作是上帝给予的礼物，是一个打开、欣赏和分享这个礼物的过程。因此，这样的人坚信生命本身是快乐，是爱，无论处在什么样的环境中，即使是非常恶劣的环境，他们也能泰然处之，就像是在迪士尼乐园那样，兴趣盎然地去寻找、发现，享受生命中的每一个乐趣。对于这样的人来说，重要的不是去拥有什么，因为他们知道他们已经拥有了一切；重要的是他们应该如何去生活，是不是真的享有了自己的生命。

美国心理学专家理查·卡尔森博士就是看到了对待生命不同的态度，要求我们“多去想想你已拥有什么，而不是你想要什么”。他说：“做了十几年的压力学心理顾问，我所见过的最普通、最具毁灭性的倾向，就是把焦点放在我们想要什么，而非我们拥有什么。不论我们多富有，似乎没有差别，我们还是不断扩充我们的欲望购物单，确保我们难以满足的欲望。你的心理机制说：‘当这项欲望得到满足时，我就会快乐起来。’可是，一旦欲望得到满足之后，这项心理作用却又在不断地重复。……如果我们得不到自己想要的某一件东西，就不断想着我们没有什么，仍然会感到不满足。如果我们如愿以偿得到我们想要的东西，就会在新的环境中重复我们的想法。所以，尽管如愿以偿了，我们还是不会快乐。”

卡尔森博士针对这个问题，提出了他的解决办法：“幸好，还有一个方法可以得到快乐。那就是将我们的想法从我们想要什么，转为我们拥有什么。不要奢望你的另一半会换人，相反的，多去想想她的优点。不要抱怨你的薪水太低，要心存感激你有一份工作可做。不要期望去夏威夷度假，多想想自家附近有多好玩。可能性是无穷无尽的！……当你把焦点放在你已拥有什么，而非你想要什么时，你反而会得到更多。如果你把焦点放在另一半的优点上，她就会变得更可爱。如果你对自己的工作心存感激，而非怨声载道，你的工作表现会更好，更有效率，也就有可能获得加薪的机会。如果你享受了自家附近的娱乐，不要等到去夏威夷再享乐，你也许会得到更多的乐趣。由于你已经养成自娱的习惯，因此如果你真的没有机会去夏威夷，反正你也已经拥有美好的人生了。”

最后，卡尔森博士建议：“给自己写一张纸条，开始多想想你拥有什么，少想你要什么。如果你能这么做，你的人生就会开始变得比以前更好。或许这是你这一辈子第一次知道真正的满足是什么意思。”

说“不要紧”不是要使自己变得麻木不仁，对低谷无动于衷，而是要你变得更敏锐、更智慧，从中看到生命的快乐，使自己在低谷中看到祝福，享受到爱。

处理人际关系的思考方式

我们在许多寺庙中会见到一尊佛像，但这尊佛像与其他的佛像大异其趣。它光着大肚皮坐卧于地，咧嘴露牙地捧腹大笑，看起来特别具有亲和力及喜悦感。它便是“大肚能容，了却人间多少事；满腔欢喜，笑开天下古今愁”的弥勒佛。

弥勒佛之所以具有令人敬服的特质，就在于它的“豁达大度”。一件事可以从许多角度来看，有好的一面，亦有坏的一面，有乐观的一面，亦有悲观的一面。就好比一个碗缺了个角，乍看之下，好似不能再用；若肯转个角度来看，你将发现，那个碗的其他地方都是好的，还是可以用的。若凡事皆能往好的、乐观的方向看，必将会希望无穷；反之，一味地往坏的、悲观的方向看，定觉兴致索然。外甥女只有 3 岁，晚餐时每每执着汤匙要“自己来”，但次次皆被大人夺走，而他们通常的回答是：“你还不会。”当我下次再造访她们家时，外甥女竟改口道：“你帮我。”由此可见，孩子的热情被一而再、再而三地浇灭后，便容易产生依赖性。久而久之，就变成一个怕做错事而受嘲骂、缺乏自信的人，等到将来长大，自然会畏畏缩缩，没有勇气尝试突破困境。

凡事多往好的方面想，自然会心胸宽广，也较能容纳别人的意见。有一回，释尊的一位大弟子被一位婆罗门侮辱，但他对于对方的辱骂只是充耳不闻，未予理会。因为他知道，一个以辱骂别人来抬高自己的人，他在个人的修养和品行上也会有问题。婆罗门见他无端被自己辱骂，不但没有生气，且能微笑地答辩，真不愧是圣者，于是自知理亏便悄悄地离开了。这便是豁达，即佛家所谓的圆融。

我们做人要豁达一些，也要大度一些，凡事留有余地。就拿穿鞋来说吧，我们买鞋子都知道要预留一点空间，否则穿久了，会因脚和鞋子摩擦得太厉害而起水泡，甚至磨破皮，以致痛苦难忍。又如赴约，应提早 5 分钟或 10 分钟到场，也一定比只剩 1 分钟赶到的心情轻松多了。谚云“宰相肚里能撑船”，英国首相丘吉尔就是最好的例证，他对于化解愤怒的方法是幽默。有一次，丘吉尔演说前有一位不赞同他观点的人，递了张纸条给他，上面写着“笨蛋”二字。丘吉尔看了之后，并没有生气或不悦，只是拿着那张纸条幽默地说：“我常常接到许多忘了签名的信，今天我第一次接到没有内容却有签名的信，难道这是他的签名吗？”随后将纸条展示给在座诸位观看，引得众人哄堂大笑。愤怒是不好的情绪，但大多数的凡夫俗子往往控制不住它，只有少数有智慧、有肚量的人才能适时疏导这种不好的情绪。

我们都有过这种经验，就是盛怒之后，再反省便会发现：“我当时也可以不必那么愤怒的，其实事实也不是那么严重，不知道他（受气者）现在的感受如何？”但当再次遇到那种使人非常愤怒的情景时，往往又会按捺不住怒火。于是，我们必须通过日常生活不断地磨炼自己，使自己也拥有化解矛盾、疏导愤怒的智慧和能力。由于我们不是凡事都能顿悟的圣者，便只有靠着“时时勤拂拭，勿使惹尘埃”的功夫，使自己臻于忍辱负重、宽容他人的境界。是的，希望我们都能在生命长河的洗练中，慢慢磨去我们不知足不容人的坏习性，使我们也能迈向圆融的人生。

我们应该效法弥勒佛笑口常开的个性，并学习他用积极开朗的态度去解决一切问题。在这充满争斗的繁华世界之中，唯有以最自然无争的态度，并处处流露服务他人的意念，才能散发人性至真、至善、至美的光明一面。

人们常说：“当你笑时，全世界都跟着你笑；当你哭时，只有你一个人哭。”

如果你想经常有福气的话，在每天出门时就多练习笑容吧！

平等对待

心理失衡的现象在现代竞争日益激烈的生活中时有发生，大凡遇到成绩不如意、高考落榜、竞聘落选，或与家人争吵、被人误解讥讽等情况时，各种消极情绪就会在内心积累，从而使心理失去平衡。消极情绪占据内心的一部分，而由于惯性的作用使这部分越来越沉重、越来越狭窄；而未被占据的那部分却越来越空、越变越轻。因而心理明显分裂成两个部分，沉者压抑，轻者浮躁，使人出现暴戾、轻率、偏颇和愚蠢等难以自抑的行为。这虽然是心理积累的能量在自然宣泄，但是它的行为却具有破坏性。

这时我们需要的是“心理补偿”。纵观古今中外的强者，其成功之秘诀就包括善于调节心理的失衡状态，通过心理补偿逐渐恢复平衡，直至增加建设性的心理能量。

有人打了一个颇为形象的比方：人好似一架天平，左边是心理补偿功能，右边是消极情绪和心理压力。你能在多大程度上加重补偿功能的砝码而达到心理平衡，你就能在多大程度上拥有了时间和精力，信心百倍地去从事那些有待你完成的任务，并有充分的乐趣去享受人生。

那么，应该如何去加重自己心理补偿的砝码呢？

首先，要有正确的自我评价。情绪是伴随着人的自我评价与需求的满足状态而变化的，所以，人要学会随时正确评价自己。有的青少年就是由于自我评价得不到肯定，某些需求得不到满足，此时未能进行必要的反思，调整自我与客观之间的距离，因而心境始终处于郁闷或怨恨状态，甚至悲观厌世，最后走上绝路。

由此可见，青年人一定要学会正确估量自己，对事情的期望值不能过分高于现实值。当某些期望不能得到满足时，要善于劝慰和说服自己。不要为平淡而缺少活力的生活而遗憾。遗憾是生活中的“添加剂”，它为生活增添了发愤改变与追求的动力，使人不安于现状，永远有进步和发展的余地。生活中处处有遗憾，然而处处又有希望，希望安慰着遗憾，而遗憾又充实了希望。正如法国作家大仲马所说：“人生是一串由无数小烦恼组成的念珠，达观的人是笑着数完这串念珠的。”没有遗憾的生活才是人生最大的遗憾。

为了能有自知之明，常常需要正确地对待他人的评价。因此，经常与别人交流思想，依靠友人的帮助，是求得心理补偿的有效手段。

其次，必须意识到你所遇到的烦恼是生活中难免的。心理补偿是建立在理智基础之上的。人都有七情六欲等各种感情，遇到不痛快的事自然不会麻木不仁。没有理智的人喜欢抱怨、发牢骚，到处辩解、诉苦，好像这样就能摆脱痛苦。其实往往是白花时间，现实还是现实。明智的人勇于承认现实，既不幻想挫折和苦恼会突然消失，也不追悔当初该如何如何，而是想到不顺心的事别人也常遇到，并非是老天跟你过不去。这样你就会减少心理压力，使自己尽快平静下来，客观地对事情做个分析，总结经验教训，积极寻求解决的办法。

再次，在挫折面前要适当用点“精神胜利法”，即所谓“阿Q精神”，这有助于我们在低谷中进行心理补偿。例如，实验失败了，要想到失败乃是成功之母；若被人误解或诽谤，不妨想想“在骂声中成长”的道理。

最后，在做心理补偿时也要注意，自我宽慰不等于放任自流和为错误辩解。一个真正的达观者，往往是对自己的缺点和错误最无情的批判者，是敢于严格要求自己的进取者，是乐于向自我挑战的人。

记住雨果的话吧：“笑就是阳光，它能驱逐人们脸上的冬日。”

充满自信

托尔斯泰的长篇小说《安娜・卡列尼娜》的结局是不幸的，安娜最后卧轨自杀。这是一出典型的悲剧：一个处于上层社会的女子爱上了一位年轻伯爵，当象征爱情的火花刚刚擦亮时，又被象征现代文明的火车轮熄灭。时至今日，对于安娜爱情悲剧的启示可谓是“仁者见仁，智者见智”，但万“辩”不离其宗：安娜的悲剧不仅仅是一个贵族妇女的悲剧，而且是当时整个社会的悲剧。

一个人有多大的勇气肯定自己呢？一个妇女又有多大的勇气肯定自己“悖于社会道德”的行为呢？

从封建社会“夫字天出头”，到资本主义社会男人至上，妇女都被置于社会中受人任意摆布的地位，甚至是男人的附属品。古今中外例子不胜枚举，被枪杀的苔丝德梦娜，香消玉殒的茶花女，怒沉百宝箱的杜十娘，青春夭折的林黛玉……一个个想逾越雷池的女人把历史染得血迹斑斑。历史曾这样评价过她们：她们就好像是一棵脆弱的藤萝，紧紧依偎在大树的身上，没有权利说话也没资格思考，而这棵青藤本可以长成大树，却因为世俗的狂风摧残使其夭折。然而李清照、武则天、慈禧她们应该庆幸，虽然她们最终还是社会与男人的牺牲品，但毕竟历史还是将她们记住。西施、赵飞燕、貂蝉，她们在哭泣之后应该欢笑，几经曲折她们的故事还是走出了似海的官门、烟锁的重楼。

安娜虽有勇气去冲破世俗，但是依据世俗评论的态度来看待自己的行为的矛盾心理，却始终困扰着她那颗勇敢的心。在她的观念中抛夫弃子绝对是罪恶堕落的，是不可饶恕的，不管丈夫是不是自己的爱人，那个家有没有快乐，有没有属于自己的那份爱情。因此她在对伯爵表明心迹时，从内心产生了一种重压，摧残了她深爱伯爵的强有力的心理力量，严重扭曲了她的性格。可见，世俗观念在她心中的影响，也可以说她的意识从未脱离过她所生活的上流社会。她有勇气为爱情迈出大胆的一步，却没有勇气肯定自己。她成了世俗观念的维护者，也成了世俗观念的牺牲品，在她病危时，她并没有对生命、伯爵表现出眷恋，只是一味地忏悔："我要的是你的宽恕。"安娜永远都不会去怀疑这个世界。后来在生命弥留之际，她以"上帝，宽恕我的一切吧！"来告别人世。

安娜内心世俗的意识对自己的行为作出判决，造成了一个悲剧，但你的判决完全可以和她不一样。尽管我们现在的社会观念已经相当开明，但精英人物的思维理念总是不被大众所轻易接受，一个叛逆者与先行者要承受比普通人更大的压力。在这种情况下，唯有你自己给自己支撑、给自己自信，自己肯定自己。坚信自己的理念与行动是正确的，让时间来检验它的正确与否，而不是听凭众人的评价与判决。

你应该对自己说：我现在的生活，我今后的一生，不管遇到什么事，不仅不会像过去那样毫无意义，而且还具有让自己走向新生活的明确意义。这绝对是你能够做到的。

从阴影里走出来

坏情绪是一种心灵的阴云，它会遮蔽人生的太阳。那些沉浸在悲伤情绪中的人，他们心中的天空好像总在下雨……

对于人生可以确定的是，每个人都曾遇到过令人难以应付、令人失望的低谷，有些人会利用人生的低谷使自己成长，有些人会觉得自己已被击败，决定两者之间的差异并非人生的幻灭和失望，而是看待人生的方式。以下一些可以帮助受困于坏情绪的人们从心灵的角度调整面对低谷的心态。

要能承认自己也有无能为力的时候。经历心灵创伤的人都会产生无助感，他们无法采取任何作为来影响、改变或阻止坏事的发生，无论是发生洪水泛滥还是亲人逝去。如果一个人在人生过程中体验过无助的感觉，就有可能误以为无助是天生的个性使然，进而渐渐地以为无论自己如何努力尝试也是没有用的，一切终究是徒然的。当一个人愿意承认自己无能为力时，那么他就不会尝试要尽力操纵事件。这样的体验也使我们明白：面对某些人生事件我们是无能为力的，有些伤痛是无法避免的，伤痛的发生并不意味着我们的出发点是坏的、错的，或做得不够。

有一句意大利谚语：“即使水果成熟前，味道也是苦的。”苦涩的感觉是成长与内心挣扎必然的一部分。我们可能常常这样自语：“为什么是我呢？世界总是与我作对，这太不公平了。”有谁没有这种感觉呢？然而，如果你任由自己陷于怨恨与绝望，你就永远无法在人格上成熟起来，成长亦无从发生。痛苦的境遇就像撒落在自我田野上的肥料一样，可以促进自我的成长，自我田野中的禾苗会因为受到耕耘施肥而能够更茁壮健康地生长。

我们的人性并非一开始就发展得很完全，相反，它是经过日常生活的竞争和挑战之后才日臻完善的，一块铁在铁匠的炉火中经过千锤百炼才能成形。没有人可以躲过伤痛和坏情绪，因为避开它会迫使我们无法面对自己的内心世界及外在世界。唯有面对坏情绪，心中的自我才能获得呼吸的自由，也唯有自由呼吸，生命才得以维持。

究竟什么障碍使人无法摆脱坏情绪的过程呢？无法摆脱坏情绪的原因可能有：我们深陷在悲伤循环过程中某个特定的环节；所处环境的条件不利于我们表达伤心悲痛的痛苦情绪；失去所爱或失去一种情境造成的矛盾过于强烈，而无法公开面对；双亲以负面方式影响而造成小孩悲伤的过程。根据弗洛伊德的解释，摆脱坏情绪的目的就是使人不要过度将精神耗费在失去的人、地方或情景的回忆上。我们可看清楚生活的循环过程中悲伤复杂的过程，正常和不正常的坏情绪的过程基本上是类似的。当我们自然地感受内心情绪的力量和深度时，坏情绪与创伤的伤口就会开始化解，如此等于打开一扇通往自我心灵的门。

特别的情况是，深刻的情感伤痛可以通过具有创造性的语言使其变成文字或某种符号，如此即可将伤痛、愤怒和外界强烈影响的情绪导入可以表达创造力的作品中。这种悲伤经验可以唤起内心的艺术潜能，具有艺术潜能的自我部分就会援助遭受伤痛的自我，使其有能力表达哀伤的痛苦。如：作画、个人感想记述、歌舞都可以具体地表达出无法以语言表述的内心伤痛。

心绪不佳、烦恼苦闷的人，看周围一切都是黯淡的，他看到高兴的事，也笑不起来。这时候如果想办法就有可能让他高兴起来、笑起来，一切烦恼就会丢到九霄云外了。笑不仅能去掉烦恼，而且可以调解不良情绪，促进身体健康。

不快乐的人最普遍原因是他们企图照着受阻的计划生活。因此，他们不是在生活，而是在等待即将发生的事情。他们以为他们结婚以后，或找到好职业以后，或是买下房子以后，孩子们完成大学教育以后，某项事业成就之后，赢得一生的胜利之后，他们将会更快乐起来，但无可避免地，他们失望了。

快乐是一种心理的习惯，是一种心理的态度，目前若不练习养成这个习惯，不培养这个态度，将永远体验不到。快乐不是在解决外在问题的条件下而产生的，因为一个问题解决了，还会有另外一个问题。如果要快乐，必须现在从内心自发地快乐起来，而不要“有条件”地快乐。

人只要心里决定快乐，那么大多数人都能如愿以偿。

快乐纯粹是内心自发的，它的产生不是由于事物，而是由于不受环境拘束的个人及其举动所产生的观念、思想与态度。

一旦培养起学习快乐的习惯，你就可以成为自己情绪的主人，而不成为奴隶，快乐的习惯可使一个人不受外在情况的支配。

人们一般不可能永远生活在光明下，经常会使自己的个性和心智失去平衡。其实，生活本身是苦乐参半的。如果每一个人都能静心反省一下，一定会打从心底认同这个说法，仅仅只是追求欢乐无法令人满足。如果一味追求生活在光明之下，亦是违反自然规律的。平衡才是最重要的，亦在欢乐与痛苦、黑暗与光明之间的斗争中，达到适度的平衡状态。

我们只有适时地转化紧绷的坏情绪，才能进入较好的心态平衡中。当我们第一次注意到某个不愉快的情绪时，即会想用某种方式将之消除。然而，如果我们理解并处理好这些痛苦与不悦的矛盾，都将引领我们的思想提高到一个更高层次的关系中，坏情绪可以变成幸福的感受，支持并指引我们的人生。

如果你曾压抑或排除过许多自己的感受，而当你变得更能说服并接受自己的时候，你可能会产生某种特别的经验，你的情绪会“更”强烈。有一个例子，一位曾有过创伤经历的女士黄霞，她就习惯把心中不愉快的情绪视为是危险的、不好的东西。事实上，她的感受一直是很强烈的，只是她习惯于把它们摒除在自己的认知之外，或是不去在意它们。当她转化了那些坏情绪之后，她得到了新的感受，可以适应并接纳她自己的情绪。在几个月内，她发现自己的生活自然而然地变得更加平衡，情绪更加舒畅，生活更加快乐，人生好像变了样子，明媚通达，前途无限。

不良情绪的转移

当你因不愉快的事而情绪不佳时，你不妨试试转移自己的情绪注意力。

1. 积极参加社会交往活动，培养社交兴趣

人是社会的一员，必须生活在社会群体之中，一个人要逐渐学会理解和关心别人，一旦主动关爱别人的能力提高了，就会感到生活在充满爱的世界里。如果一个人有许多知心朋友，可以取得更多的社会支持。更重要的是可以充分地感受到社会的安全感、信任感和激励感，从而增强生活、学习和工作的信心和力量，最大限度地减少心理的紧张和危机感。

一个离群索居、孤芳自赏、生活在社会群体之外的人，是不可能获得心理健康的。随着独门独户家庭的增多，使得家庭与社会的交流减少，因此走出家庭，扩大社会交往显得更有实际意义。

多利用身边的有利条件。工作中上级可以多找下属征求意见，同事之间也可互相讨论集思广益，最终拿出一个有效可行的方案，执行时大家都有参与感。执行方案因为已纳入所有工作者的智慧，每个人都会感受到自己存在的价值，减少不必要的失落感。

2. 多找朋友倾诉，增强信心

在我们日常生活和工作中，难免会遇到令人不愉快和烦闷的事情，如果找个好友听您诉说苦闷，那么压抑的心境就可能得到缓解或减轻，失去平衡的心理亦可得以恢复正常，并且能得到来自朋友的情感支持和理解，可获得新的思考，增强战胜困难的信心。

还可将不愉快的情绪向自然环境转移，如郊游、爬山、游泳或在无人处高声叫喊、痛骂等。也可积极参加各种活动，尤其是将自己的情感以艺术的手段表达出来，如去听听歌，跳跳舞，在引吭高歌和轻快旋转的舞步中忘却一切烦恼。

3. 重视家庭生活，营造一个温馨和谐的家

家庭可以说是整个生活的基础，温暖和谐的家是家庭成员快乐的源泉、事业成功的保证。孩子在幸福和睦的家庭中成长，也很利于其人格的发展。

如果夫妻不和、经常吵架，将会极大地破坏家庭气氛，影响夫妻的感情及其心理健康，而且也会使孩子幼小的心灵受到伤害。可以说不和谐的家庭经常制造心灵的不安与污染，对孩子的教育很不利。

理想的健康家庭模式，应该是所有成员都能轻松表达意见，相互讨论和协商，共同处理问题，相互供给情感上的支持，团结一致应付困难。每个人都应注重建立和维持一个和谐健全的家庭。社会可以说是个大家庭，一个人如果能很好地适应家庭中的人际关系，也就可以很好地在社会中生存。

没有绝对的事情

黄昏的草原上，一只孤单的野鹿不安地四处张望着。

黄土丘上的老虎发现了这只野鹿，它站起身子，跃下土坡，借着草丛的掩护，潜行到野鹿的后面。此时野鹿还没发觉，老虎突然像子弹般窜出，冲向那只野鹿，野鹿这才意识到危险已经到来，本能地闪躲老虎的攻击。老虎第一回合扑了个空，转身再度扑来，野鹿拔腿狂奔，闪进一处灌木丛里。在灌木丛里追逐不是老虎所长，它在外面逡巡了一会，低吼几声，蹒跚地回到原来的土丘上。

这只老虎已经饿了一天了……

这种弱肉强食的草原竞争，虽然饿虎没有得逞，但这仍是事实——老虎是草原上的强者，以它的威猛和速度，很多动物根本不是它的对手。更有些动物一看到它就四肢无力，瘫在地上等它来吃！

可是您也发现了吧，有时候老虎也会抓不到野鹿。和老虎比起来，野鹿是弱者，除了野鹿之外，草原上还有许多弱者，像兔子、老鼠、羊……可是，这些弱者至今仍然大量存在，反而老虎永远就那点数量，可见动物的世界里，没有绝对的强者和弱者，只有相对的强者和弱者。

这是一种生态平衡，所以我们也可以这么说：在动物世界里，弱者也有一片天！

是的，弱者也有一片天。

和动物世界一样，在人类的世界里，也没有绝对的强者和弱者，只有相对的强者和弱者。也就是说，强或弱，是比较出来的。例如在田径场上，跑得快的便是强者，跑得慢的便是弱者；在考场上，书读得好的便是强者，读得差的便是弱者。可是，田径场上的强者并不一定是考场上的强者，考场上的强者也不一定是商场上的强者。因此，所谓的“优胜劣汰”只描述了一部分的现实，这句话并不是真理，如果错认了这句话，那么自认为“弱者”的人就一辈子不得出头了！

事实上，人的世界也有一种“生态平衡”，和很多人形成一种“相生相克”的关系。换句话说，别人某方面的“强”并不会威胁到你的“弱”，而他的“强”和你其他方面的“强”一比，可能就成为“弱”了。因此，在人性丛林里，人应该知道自己何者为强、何者为弱，别人又是何者为强、何者为弱，并尽量避免以己之弱去面对他人之强，而是积极地以己之强去面对他人之弱。如果还能运用第三者与他人的强弱关系，来强化自己的“弱”，或避免自己遭到别人“强”的侵犯，那么你就是一个“强者”，而不是“弱者”了。

人性舞台上的悲剧，都是因为不了解自己及别人的强弱在哪里，以及不知道如何趋长避短所造成的。

弱者也有一片天，所有人都应牢记！

蟑螂很讨厌，因为它到处都有，打了一只，待会儿又出来一只，有缝就钻，有洞就躲，连杀虫剂对它们也不管用！

但在阅读了一本有关昆虫的书之后，我对蟑螂的印象有了改变。据研究，蟑螂是和恐龙同期的昆虫，可是恐龙都死光了，蟑螂却仍在地球上存活，并且大量繁衍。那篇文章还说，蟑螂可以在最恶劣的环境中生存，只要那么一小滴水，它就可以活下来。蟑螂的这种生存能耐也是自然演化的结果。

我常想，人如果也有蟑螂的韧性，还有什么日子不能过呢？

人一生当中绝对不会天天如意、事事如意，也会遇到很多种不如意的事，例如：生意失败、失恋、人事竞争落败、被人羞辱、工作不顺、家道中落，等等。而依各人的承受程度不同，这些不如意也会对每个人形成不同的压力与打击。有人根本不在乎，认为这只不过是人生中必然会碰到的事；有人开始也会十分沮丧，但他很快就可以挣脱沮丧，重新出发；但有些人只被轻轻一击就倒地一败不起了。

不管你遭到的不如意程度如何，只要你在主观感受上已到了沮丧、消极、痛苦或几乎要毁灭的地步，那么我要告诉你的就是：不妨学习蟑螂的生命能力顽强地活着。

蟑螂是墙缝里可活、壁橱里可活、阴沟里也可活下去的昆虫，当你遇到不如意的事时，无论是客观环境还是主观的感受，不就犹如在墙缝里、壁橱里、阴沟里吗？如果你因为过着这样阴暗、充满人性脏臭与羞辱的日子而灰心丧志，失去活下去的勇气，那么你真的连一只蟑螂都不如了。恐龙已经绝迹，蟑螂却仍在世上生存，只因具有能屈能伸的适应能力，它就能世世代代地活了下来。所以你也要在最黑暗的时刻，最卑贱的时刻，最痛苦的时刻，坚韧不拔地活下来，像一只蟑螂那般顽强地活下来。

在这时候，你切记不要去计较什么面子、身份、地位，也不要急着出头。这种日子很容易让人沉不住气，但只要沉得住气，只要“存在”，就有希望，就有机会。这不是安慰你，而是事实本就如此——你看看，恐龙如今安在？

如果你能像蟑螂一样地活下来，必然会有一些收获：

等到重新出头的那一天，你会得到更多的尊敬，因为虽然你暂且屈服于强者之下，但打不死的勇者却有更强的号召力和感染力。

有过蟑螂般的生活经验，就不怕他日任何的坎坷和低谷。换句话说，对不如意的事更能悠然面对，能屈能伸。潮湿阴暗的日子能过，风和日丽的日子也能过，人到了这种地步，还有什么事能为难他？

所以，不要敬仰恐龙，而去学学蟑螂吧！

定律5

坦然宁静的心态

永不言弃

有人问一个小孩子，怎样才能学会溜冰。小孩回答："每次跌倒后，立刻爬起来！"跌倒后，立刻爬起来，向失败夺取胜利，这是自古以来伟大人物的成功秘诀。检验一个人品格的最好时机，就是在他失败的时候，看他失败了以后将采取怎样的行动。因此，国外银行家的格言是：破产 12 次的人，是可以信任的。

吉本辛勤耕耘 20 年，才写出了他的《罗马帝国盛衰史》；诺亚·韦伯斯特历时 36 载，才有了《韦伯斯特大词典》的雏形，看看他将自己的毕生都投入到词汇的搜集和定义事业，他表现出何等非凡的毅力和高贵的精神啊！乔治·班克罗夫特穷其 26 年的心血，写出了《美利坚合众国史》。提香曾给查理五世致信："我把我最重要的一幅作品献给陛下，这 7 年的所有时间我几乎都花在了这幅作品上。"他的另一幅画也耗时 8 年。乔治·史蒂芬森用了 15 年的时间来改进他的火车头；瓦特用了 20 年改进蒸汽机；哈维观察了 8 年，才出版了他揭开血液循环奥秘的著作。当时他被同行们称作精神病患者、骗子，他忍受了 25 年的攻击和嘲弄，最终才让学术界承认了他的伟大发现。

迈克尔·乔丹总结说："乐观积极地思考，从失败中寻找动力。有时候，失败恰恰正是使你向成功迈进的一步。譬如修车，一次次的尝试也未能奏效，但却越来越逼近正确答案。世界上的伟大发明都是经历过成百上千次的挫折和失败才获成功。"

战胜失败的第一步，也是关键的一步，就是我们要正视失败，对失败有一个正确的态度。贝格大概是 20 世纪最杰出的剧作家了，就连他这样成功的人也会说：“我觉得失败是家常便饭，在失败的恶劣空气中深呼吸，精神会为之一振。”1905 年爱尔伯特 · 爱因斯坦的博士论文在波恩大学未获通过，原因是论文离题而充满奇怪思想，这使爱因斯坦感到沮丧，但这却未能使他一蹶不振。温斯顿 · 丘吉尔曾被牛津大学和剑桥大学以其文科成绩太差而被拒之门外。里查德 · 贝奇只上了一年大学，当他写出《美国佬生活中的海鸥》一书时，书稿被搁置 8 年之久，其间曾被 18 家出版社拒之门外，然而出版之后十分畅销，即被译成多国文字，销量达 700 万册，他本人也因此而成为享有世界声誉的受人尊重的作家。美国职业足球教练文斯·伦巴迪当年曾被批评为“对足球只懂皮毛，缺乏斗志”。美国迪士尼乐园的创建者华特 · 迪士尼，当年曾被报社主编以缺乏创意的理由开除，建立迪士尼乐园前也曾破产好几次。亨利 · 福特在创业成功前也曾多次失败，破产过 5 次。拥有超过 100 本西方小说、发行逾 200 万本的成功作家路易士 · 阿莫在第一次出版作品之前，被拒绝了 350 次，后来他成为第一位接受美国国会颁发特别奖章的美国小说家。托马斯 · 爱迪生试验超过 2000 次以上才发明了灯泡，当一位记者问他失败了这么多次的感想时，他风趣地说：“我从未失败过一次，我发明了灯泡，而那整个发明过程刚好有 2000 多个步骤。”

立身之本

人们努力学习、勤奋工作，看上去好像是被环境所迫，但真正的动机还是发自各人的内心。奋斗并不是别人勉强的，而是你自己内心深处有一种愿望和奋斗目标，希望自己活得成功而光彩。

天上下雨地上滑，自己跌倒自己爬。锻炼意志和力量，需要的是自强自立精神，而不是来自他人的影响力，更不能依赖于他人。爱默生说，坐在舒适软垫上的人容易睡去。依靠他人，如果觉得总会有人为我们做任何事，所以自己不必去努力，这种想法就像高纯度海洛因，会使你在不知不觉中中毒上瘾，最后自我毁灭。依靠他人有时也会上瘾的，它对发挥自强自立和艰苦奋斗精神是致命的抹杀。

白居易有诗云：“偶依一株树，遂抽百尺条；托根附树身，开花寄树梢。”这正是讽喻那些不能自立成材而依赖他人立身的无能者。

怎样才能靠自己立身呢？

1. 立身，要有良好品性

欲立身，先立品，人无品不立。换言之，要立身，先修身，不修身者难以立身。这就要求我们要自觉地加强品德修养，培养自己的诚实正直、谦虚谨慎、光明磊落等优秀品质。这乃是立身之基。

2. 立身，要有独立的人格

一个人如若无人格的独立性，必然会产生趋炎附势的奴性；一个奴性甚强的人，必定是一个依赖于他人之人；一个依赖他人之人，必定是一个阿谀谄媚的人。明朝陈继儒所著《小窗幽记》中用“苍蝇附骥”“茑萝依松”来讽刺那些没有独立人格的逐臭之夫。他说：“苍蝇附骥，捷则捷矣，难辞处后之羞。茑萝依松，高则高矣，未免仰攀之耻。所以君子宁以风霜自挟，毋为鱼鸟亲人。”这句话是说，蝇依附在马尾上，速度固然快极了，但却洗不去黏在马屁股后面的羞愧；茑萝绕着松树生长，固然可以爬得很高，但也免不了攀附依赖的耻辱。所以，君子宁愿挟风霜以自励，也不要像缸中鱼、笼中鸟一般，舔着脸依附于人，否则就连最基本的一点人格都没有了，故安身立命、做人做事，一定要保持自己独立的人格。

3. 立身，要克服惰性

吕坤在《呻吟语》中说：“懒散二字，立身之贼也。”他又说：“什么降服此二字？曰勤慎。”这就是说，懒惰散漫是立身的大敌，要立身就必须勤奋谨慎，只有如此，才能刻苦学习，才能掌握一项技能。一个人只有有了专门的本领，才能在社会上立身。无论过去、现在还是将来，“天下唯无技之人最苦，片技即足自立，天下唯多技之人最劳。”正如人们所说：“腰缠万贯，不如薄技随身；家有黄金用斗量，不如自己本领强。”

4. 立身，要破除依赖性

曾有青年学生戏谑道：“学好数理化，不如有个好爸爸。”一些人不是靠本领、靠水平、靠奋斗去就业、晋升，而是靠老子、靠关系、靠后门、靠叔叔大爷，这种依赖思想，这种偷生行为，这种堕落的现象，像蛀虫一样腐蚀着许多人的灵魂。

陶行知先生有一首《自立立人歌》：

滴自己的汗，

吃自己的饭，

自己的事自己干，

靠人、靠天、靠祖上，

不算是好汉。

要做一个好汉，要靠自己的双腿走出人生之路，要靠自己的双手创造出美好的新生活，切不可靠他人来为自己造福。须明白，靠神神跑，靠庙庙倒，靠自己最好。

日本著名企业家松下幸之助说：永远都不要绝望，如果做不到这一点的话，那就抱着绝望的心情去努力。这很接近曾国藩的“屡败屡战”精神，正所谓“对于精神不松懈、眼光不游移、思想不走神的人，成功不在话下”。这是我们坚持每天练习中最需要的支持，只有持之以恒地按照自己的目标去演练自己，才能将自己造就成自己所希望的人。生下来就一贫如洗的林肯，终其一生都在面对挫败：8 次选举 8 次都落选，两次经商失败，甚至精神还崩溃过一次。

有好多次他本可以放弃，但并没有如此，也正因为他没有放弃，才成为美国史上最伟大的总统之一。林肯天下无敌，而且他从不放弃。以下是林肯进驻白宫前的历程简述：

1816 年他的家人被赶出了居住的地方，他必须工作以抚养他们。

1831 年经商失败。

1832 年竞选州议员，但落选了！

1832 年工作也丢了——想就读法学院，但进不去。

1833 年向朋友借一些钱经商，但年底就破产了，接下来他用 17 年才把债还清。

1834 年再次竞选州议员，赢了！

1835 年订婚后快结婚时，爱人却死了，因此他的心也碎了！

1836 年精神完全崩溃，卧病在床 6 个月。

1838 年争取成为州议员的发言人，但没有成功。

1840 年争取成为议员选举人，但失败了！

1843 年参加国会议员大选，但落选了！

1846 年再次参加国会议员大选，这次当选了！前往华盛顿特区，表现可圈可点。

1848 年寻求国会议员连任，但失败了！

1849 年想在自己的州内担任土地局长的工作，但被拒绝了！

1854 年竞选美国参议员，落选了！

1856 年在党的全国代表大会上争取副总统的提名，但得票不到 100 张。

1858 年再度竞选美国参议员，又再度落败。

1860 年当选美国总统。

林肯说：“此路破败不堪又容易滑倒。我一只脚滑了一跤，另一只脚也因而站不稳，但我回过气来告诉自己，这不过是滑一跤，并不是死掉都爬不起来了。”

适当的压力才会带来动力

伴随小排量耗油量低的日本小汽车的进口量加大，一度使位居美国第三大的汽车公司克莱斯勒也要陷入破产的境地。面对这接二连三的不幸，美国人该怎么办呢？

这时，出现了一位名叫艾柯卡的英雄，他于紧急关头接任克莱斯勒的行政总裁。在短短的三年内，他将这家濒临破产边缘的公司扭转过来，变为一家有盈利的公司。在替克莱斯勒效力之前，艾柯卡是福特汽车公司的总经理。这位总经理时常受到该公司总裁福特二世的排挤，令他不能充分发挥自己的才华。后来，他被炒了鱿鱼，他所有的特权，包括令人羡慕的高薪、豪华富贵且设施齐全的办公室，还有保安、秘书，一夜之间化为乌有。由于合约的关系，他在被炒了鱿鱼后仍得待在公司一段时间。在这段时间中，他被安置到一个脏乱不堪的货仓里办公，那里连转身的空间都谈不上，于是，艾柯卡发誓要用一番成就来雪耻。结果，在面临破产的克莱斯勒公司，他的努力成功了。

假使福特二世让艾柯卡风风光光地退了休，假使艾柯卡没体会到“屈尊货仓”的公然侮辱，那么，后来的艾柯卡肯定不会如此风光，他可以依靠丰厚的退休金心满意足地安度他的晚年。反正他早已成功过，富贵过，风光过，他的人生几乎没有什么遗憾。但福特二世的侮辱，激发了他的斗志，给了他排除压力下决心取得成功的动力。

还有很多人就是在蒙辱受耻后脱颖而出的。我国古代名相张仪就是其中的一位，他与苏秦都是我国历史上有名的纵横学家。年轻时，张仪与苏秦同在当时的名师鬼谷子门下求学。苏秦出道早，成功也来得早，而张仪却郁郁不得志。于是，张仪来到苏秦的门下，希望通过这条捷径获得成功。然而一连几天，苏秦不闻不问，不管不见。好不容易熬到了与苏秦会见的那天，但苏秦非但没有热情款待他，反而在席间将他安置到最末的位置，用粗茶淡饭招待他，并且拿话羞辱他："凭阁下的才干，怎能如此沦落潦倒呢？我实在没有法子帮你，还是靠自己的运气去另谋生路吧！祝你好运。"

远道投奔而来的张仪非但没得到半点好处，却被当众侮辱而蒙羞，他被激怒了。他决心靠自己的聪明才智，靠自己的实力去创造一个属于自己的新天地，狠狠地打击苏秦。

苏秦不但不提防他，反而还派人暗中相助。其门人大惑不解，苏秦解释说："张仪的才干，其实在我之上，但以往他贪图眼前小利，过分安于现状，我担心他会因此而丧失斗志，便拿话羞辱他，以激起他上进。"

如果我们能够碰到像苏秦这样的朋友，或像福特二世那样的敌人，我们成功的机遇就多了一半。他们为我们的成功创造了一个特殊的环境，特殊的动力。

1. 自信心的打击

斯泰里 16 岁的时候，在一个大五金商号里做店员，这正是他所希望的一个职位。他感到自己的前途是光明远大的，于是他努力工作，尽力学习各种业务知识，自己盼望着将来做一个成功的五金销售员。他一直以为自己是踏实肯干的，但是其上司却看法不同。

"我不用你了，你是绝不会做生意的。你到塞强铸造厂去做一个工人吧。你那种蛮力，除了做这种工作之外，没有什么别的用途。"

无端被炒鱿鱼，这对于一个年轻人的侮辱，该是何等无情的打击！因为他始终以为自己工作得很好。那么，他是否预备到铸造厂去呢？一时间他的头脑里充满了不满、愤怒、愤愤不平等激烈的思想斗争。他是否因为受到了极大的打击，而被打倒了呢？他的首次冲刺虽然失败了，但是，他没有被打垮反而重整旗鼓，决心要干出一番成绩来。

他到上司面前郑重其事地对他说："你可以辞退我，但是你不能削弱我的志气。”他面对那无理的上司发誓说，“十年之内，我也要开一个像这样大的五金店。”

他的话并不是一种气愤的发泄而已。这个青年将第一次的失败变为激励自己的动力，驱使他不停地努力，一直到他成为全国最大的五金制品商之一。

如果没有受这次打击，恐怕斯泰里永远是一个平庸的销售员而已。在受到打击之前，他原以为自己的工作是很好的，这种心满意足的心理已磨灭他那种好学上进的斗志。他所受到的那个粗鲁经理的打击，正是促使他奋发上进的必要的动力。有时要战胜一种不适当的自满心理，唯一的方法是受一次沉重的打击。

2. 从不利中挖掘令人信服的积极因素

有一位曾经因得罪领导而被调到离家较远的郊区工作的受挫干部，他已年过半百，每天要骑两小时自行车才能到单位，遇上刮风下雨情况就更不妙了。开始时他感到很懊丧，低谷心理极重，总想要求换个离家近点的单位。可是由于得罪了领导，他又不愿开口向领导提要求。于是，他主动采用了反向心理调节法，使自己的不快心理很快得到有效纠正。

过去，当他一大早骑着自行车赶路的时候，总是想着倒霉，越想倒霉越觉得这段路长，这是情绪影响了他对时间的知觉。现在他改变思索方向，倒过来想问题，他想：清晨骑自行车行驶在郊区的公路上，20 多里路，这是多好的锻炼身体的机会！每天我是第一个出门的，看着田园风光，吸着清新的空气，听着小鸟的鸣叫声，实在是一种难得的享受。这样想来，他脚下这段路程显得不那么漫长了，心情也不感到沮丧单调了，反而感到十分轻松愉快，到工作单位后精神抖擞地投入工作。

他深有体会地说：“痛苦是人们面对困境低谷的一种感觉。其实，只要你能正视现实，并从中发现事情有利的一面，就可以成功地引出积极心绪，使心理发生良性变化，痛苦就会被愉快所代替，哪怕是虚构的有利因素，也可以产生这样的效果。”

遇到困难或低谷时要多从积极的方面去想，发挥自己丰富的想象力和多角度的思维能力，极力从不利中挖掘、寻找到令人信服的积极因素，调动自己的积极情绪战胜消极情绪。

勇于接受

在 MBA 案例讨论课上，中岛熏曾给大家讲了一个古老的日本传说。故事说的是有个日本的老农夫和他的狗在森林里走着，他们为了寻找遗失的宝物在森林中游走了 11 年。突然间那只狗停在一棵树下，先是嗅着树根然后开始吠叫，老人开始只觉得那狗生性爱吠，并不理会。他继续向前走并希望狗能跟过来，但那狗仍狂吠不停，于是老人停下脚步想叫狗过来，不过那狗并没有听他的话，老人非常生气，最后还用棍子撵它，希望那顽固的狗能停止吠叫。后来，他看狗又再次反抗他的命令，便恍然大悟地从包里拿出一把铲子，开始从树根往下掘着，才半小时的工夫，老人就发现了宝藏。

中岛先生解释说："当有人向我说'不'的时候，我把它视为彼此关系的开始，而非结束，好比那只狗坚持指路和吠叫的精神。所以，一两个星期过后，我会再拨电话给那些潜在顾客，他们会问我新的问题，而每个人也会给我机会回答。由于我的不懈努力，没多久，我的顾客开始'动手挖掘'了，不出所料他们真的挖到宝藏了。对于大部分的人来说，说'不'也许代表了结束，对我而言，那却是通往说'是'的起步。"

在我们的语言里，你可知有哪个字眼比"不"更刺人呢？如果你从事销售工作，做出 10 万元业绩跟做出 1 元业绩有什么差异呢？这其中的差异就在于如何能不因别人的拒绝而却步。一流的业务员往往是遭受拒绝最多的人，他们能把别人的"不"化成下一次的"是"。

心理学家韦恩曾经帮助过一位奥运跳高选手，当时他正面临着成绩止步不前，无法超越自己以往的纪录。当韦恩看过他的练习后，立即就找出了其中的症结。原来每当他临近横杆时，就会陷入心理上的障碍，把一个很平常的触杆看成是莫大的失败。

为了破除他的心结，韦恩把他叫到面前来，告诉他："如果真要我协助你，就不可再有那种失败的念头。因为长久以来在你脑子里所形成的失败图像早已根深蒂固，所以每次跳高，在你脑子里总认为失败的机会远远超过成功的可能，因而无法发挥内在的潜能。下次你再触杆时，只要付之一笑，别认为那是失败，重新鼓起信心再试跳一次。"

那位运动员照韦恩教他的方法，只不过三次试跳后，他就打破了过去两年里的最佳纪录。虽然增加的高度只有几厘米而已，但是从此以后，他对人生的看法也全变了。同样的道理，只要你的观念有小小的改变，整个人生就会有天壤之别。

你一定知道兰博，也知道史泰龙其人，你以为他能崛起并称霸于影坛是十分顺利的吗？绝对不是！他在试图踏入电影界的过程中，忍受了一次又一次的拒绝，前后共有千次之多。他跑遍了每一家电影公司在纽约的代理，可是都遭拒绝。不过他并不气馁，继续敲门，一再尝试，最后终于担当演出《洛奇》一片。你可曾听过有在被拒绝了 1000 次之后，还敢去敲第 1001 次门的人吗？

你能忍受多少次别人说"不"呢？你有多少次因为不想听别人说"不"，而放弃了可以提升自己的机会呢？你有多少次因为受不了别人说"不"，因而不再去找份新工作或再拜访一位新客户呢？你想想这样是不是有些可悲？只不过害怕再听到那个"不"字，你就把自己给限制住了。其实这个字并不具任何力量，它之所以会对你产生限制的力量，全是你自己内心的自卑造成的。当你有了自卑的想法，就产生了自限的人生。

你学过如何控制自己的心理活动，知道如何面对拒绝，从而化低谷为坦途。你可以试着努力让自己每次听到"不"字反而能更振奋，你可以把每次拒绝看成是一个潜在的机会。当下次电话铃响起时，千万别害怕拿起听筒，要以欢快的心情去面对另一场商战。别忘了，成功总是躲藏在拒绝的后面。

未曾遭遇拒绝的成功绝不会长久。你被拒绝得越多，你就越成熟，你学得越多，就越能成功。当下次别人拒绝了你，你不妨好好地跟他握个手，这会改变他的态度，有一天“不”会变成“是”。只要你知道如何面对拒绝，便能得到所要的许多东西。

卡尔文·李在竞选参加区政府的工作，内容是每天出去争取选票，他把要争取的选民名单夹在汽车的遮阳板上。

他来到了一位妇女的房子前，走过去敲她的房门，这位妇女打开门，他摘掉帽子彬彬有礼地说：“女士，早上好。我的名字叫卡尔文·李·罗斯，我在竞选区任推举候选人代理，我希望得到你的支持。”他说完戴上他的斯特森帽。

这位妇女说：“卡尔文·李·罗斯，我晓得你，我也知道你的家庭，你们家里没一个好东西。”她继续说，“你离过三次婚，你喝酒、打牌，还经常和外面不三不四的女人勾勾搭搭。即使这个世界只剩下你一个人了，我也不会投你的票的，你死了以后如果有秃鹫来啄你的尸体，我绝不会把它们赶走。你要是不赶快从这儿出去，我就把我丈夫 16 毫米口径的步枪拿来，打烂你的屁股！”

卡尔文·李摘掉他的斯特森帽子说：“女士，谢谢你。”

他离开那座房子回到车上，从遮阳板上取下选民名单，找到那位妇女的名字，从耳朵后面取下铅笔，在舌头上湿一下笔尖，然后在她的名字后面写上“有疑虑”。

感谢困难

有两个强盗偶然经过一架“绞架”，其中一个说：“假如世间没有了绞架这一类的刑具，我们干的真是一种很好的职业呀！”另一个强盗回答说：“你真是一个笨蛋！绞架是我们的恩人。因为，假如世间没有绞架这一类刑具，则人人都要做抢劫的勾当，那你我两个人的买卖，岂不反而做不成了？”

各种技艺、职业或事业，亦都如此。困难是我们的恩人，有了困难，才能挡住或淘汰掉一切不如我们的竞争者，使我们更容易得到胜利。因为，平坦的大路边没有鲜美的果实。

斯巴昆说：“许多人之伟大，来自他们所经历的艰难困苦。”精良的斧头，其锋利的斧刃是从熊熊炉火的锻炼与磨砺中得来的。

因此说来，低谷也不是我们的仇敌，而是恩人。低谷可以锻炼我们“战胜低谷”的种种能力。森林中的大树，要是不同狂风暴雨搏斗过千百回，树干就不能长得粗壮挺拔。同样，人不遭遇种种低谷，他的品格、本领，也是不会长得结实的。所以，一切的挫折、忧苦与悲哀，都是足以帮助我们、锻炼我们的。

有许多人不到穷困潦倒时，就不会发现自己的力量，低谷的磨难，反能帮助他发现“自己”。低谷仿佛是将他的生命炼成“美好前程”的铁锤与斧头。

有一个著名的科学家说：每当他遭遇到一个似乎不可超越的难题时，他便知道自己快要有新的成果发现了。

一旦幼鹫的羽毛生成，母鹫立刻会将它们逐出巢外，带它们做空中飞翔的练习。那种经验，能使它们日后成为禽鸟中的君主和觅食的能手。

一些青年在艰苦环境中成长不顺利，又到处被摈弃、被排斥，往往日后会有出息；而那些从小生活在优越环境里的人，却常常“苗而不秀，秀而不宝”！

塞万提斯写《唐·吉诃德》是在他困处马瑞德狱中的时候。那时他贫困不堪，而在将完稿时，甚至无钱买纸，只得把皮革当作纸张。有人劝一位富裕的西班牙人去接济他，但那人回答说：“上天不允许我去接济他的生活，因为唯有他的贫困，才能使他的内心世界更丰富！”

监狱往往能唤起有志者心中已经熄灭的火焰。《鲁滨孙漂流记》是在狱中写成的，《天路历程》是彼特在福特监狱中写成的。拉莱在他13年的幽囚生活中，写成了他的《世界历史》。

路德被囚禁在瓦特堡的时候，把《圣经》译成了德文。大诗人但丁被判死刑，而过着流亡的生活达20年；他们的作品就是在做囚徒的时候完成的。

有史以来，被“压迫”、被驱赶简直是犹太人注定的命运，然而犹太人却创作了许多可贵的诗歌、巧妙的谚语、华美的音乐。对于他们，“迫害”仿佛总是同“幸福”携手而来的。长期在低谷中生活的犹太人很勤奋也很乐观，这给他们带来了智慧和富裕，一些国家的经济命脉，几乎都掌握在犹太人手中。对于他们，“困苦如春日的早晨，虽带霜寒，但已有暖意；春寒料峭，足以杀掉土中的害虫，但挡不住复苏植物的生长！”

贝多芬在两耳失聪、生活最悲痛的时候，写出了他的最伟大的乐曲。席勒被病魔困扰15年，而他最有价值的作品，也就是在这个时期写成的。弥尔顿在双目失明、贫病交迫的时候，写下了他的名著。所以，彭扬说：“为了得到更多的幸福起见，我宁愿祈祷更多的忧患来临。”

一个大无畏的人，愈为环境所迫，反而愈加奋勇，不战栗不逡巡，胸膛直挺，意志坚定，敢于对付任何困难，轻视任何厄运，嘲笑任何阻碍，因为忧患、困苦不足以损他毫发，反而增强了他的意志、力量与品格，使他成为了不起的人物——这真是世间最可敬佩、最可羡慕的一种人。

没有什么困难可以阻挡大无畏的人往前进，也没有什么低谷可以阻挡你前进的步伐。

西方有句名言："你想成功，上帝一定给予，但你需要付出代价来。"在中国，孟子也有一句警世恒言："天将降大任于斯人也，必先苦其心志，劳其筋骨，饿其体肤，空乏其身。"说的都是同一道理。

成功不等同于代价，但成功后面一定会有代价。屈原因为被放逐而著《离骚》；司马迁因受腐刑而作《史记》；杜甫一生穷困，连爱子都养不活，却写出许多不朽诗篇；苏东坡仕途失意，怀才不遇，却吟出了不少豪气奔放的千古名言；痛感国破家亡，李后主填出不少感人肺腑的诗词；痛失丈夫、痛悼国亡，李清照由此写出了不少惊心动魄的千古绝句；曹雪芹煮字疗饥，足不出户，却写出了流芳百世的名著《红楼梦》。

要想成功，不可避免地要付出代价。这种代价，往往表现为挫折。一旦你在生活中不幸遇到挫折，是否就听任自己一挫即败，从而一蹶不振呢？答案无疑是否定的。你完全可以从他人那里获得鼓励，吸取重新站起来的勇气。在我们周围，不乏能给予你帮助的人。当然，同你一样处于低谷的也大有人在，不过，对于此时此境的你来说，这种"同是天涯沦落人"的感觉却是应竭力避开的。否则，你的挫败感将越发沉重。

具有 5000 多年历史的中华民族也历尽风风雨雨才到今天。台湾学者柏杨先生曾经指出，中国人的历史，就是由战争、宫廷斗争、贫穷饥荒、被人奴役的悲惨历史构成的，上下 5000 年，最太平的日子，算是现在。柏杨先生的话虽然有点偏颇，但还是从一个侧面反映了中华民族历史的坎坷。清朝以前的中国人口，不过四五千万，且每三五年间，就会遇上旱灾和饥荒，常常弄得人民流离失所，家破人亡，甚至"易子而食"。而现在呢，社会安定，国富民强，人民安居乐业，丰衣足食，祖国到处一片繁荣昌盛的景象。

拿破仑说得好："在地狱中人能创造天堂，在天堂中人能创造地狱。人只有尽善尽美地发挥自己的能动性，才能在艰难困苦中屹立不倒。人是环境的主宰，是不可战胜的。"

自信满满

在《读者》杂志上看到一个惊心动魄的故事：

罗伯特和妻子玛丽经过千难万险终于攀到了山顶。站在山顶上极目眺望，远处城市中白色的楼群在阳光下变成了一幅画。仰头，蓝天白云，柔风轻吹。两个人高兴得像孩子，手舞足蹈，忘乎所以。对于终日劳碌的他俩，这真是一次难得的旅行。

乐极生悲正是从这个时候开始的。罗伯特忽然一脚踩空，高大的身躯打了个趔趄，随即向万丈深渊滑去，周围是陡峭的山石，没有手抓的地方。短短的一瞬，玛丽就明白发生了什么事情，下意识地，她一口咬住了丈夫的上衣，当时她正蹲在地上拍摄远处的风景。同时，她也被惯性带向岩边，在这紧要关头，她抱住了崖边的一棵树。

罗伯特悬在空中，玛丽牙关紧咬，你能相信吗？两排洁白细碎的牙齿承担了一个高大魁梧身体的全部重量。

他们像一幅画，定格在蓝天白云大山峭石之间。玛丽的长发像一面旗帜，在风中飘扬。

玛丽不能张口呼救，一小时后，过往的游客救了他们。而这时的玛丽，美丽的牙齿和嘴唇早被血染得鲜红鲜红。

有人问玛丽如何能挺那么长时间，玛丽回答："当时，我头脑里只有一个念头：我一松口，罗伯特肯定会死。"

几天之后，这个故事像长了翅膀飞遍了世界各地。人们发现，死神也怕咬紧牙关。

生活中，我们常常会遇到各种危险情景，却又无能为力，唯一的出路就是咬紧牙关坚持，相信一切都会过去。这就需要我们有一个镇定的心态、坚强的意志，去经受时间一分一秒流逝的考验。就像玛丽那样，咬紧牙关，别松口，别泄气。如果死神都害怕我们咬紧牙关，那么，失败、挫折就统统算不上什么了。卡夫卡说："切莫绝望，甚至不要为了你从不绝望这一事实而感到绝望。"

希拉斯·菲尔德先生退休的时候已经积攒了一大笔钱，然而这时他又忽发奇想，想在大西洋的海底铺设一条连接欧洲和美国的电缆。随后，他就全身心地开始推动这项事业。前期基础性的工作包括建造一条 1000 英里长的从纽约到纽芬兰圣约翰的电报线路。纽芬兰 400 英里长的电报线路要从人迹罕至的森林中穿过，所以，要完成这项工作不仅包括建一条电报线路，还包括建同样长的一条公路。此外，还包括穿越布雷顿角全岛共 440 英里长的线路，再加上铺设跨越圣劳伦斯海峡的电缆，整个工程十分浩大。菲尔德使尽浑身解数，总算从英国政府那里得到了资助。然而，他的方案在议会遭到了强烈的反对，在上院仅以一票多数通过。随后，菲尔德的铺设工作就开始了。电缆一头拉在停泊于塞巴斯托波尔港的英国旗舰"阿伽门农"号上，另一头放在美国海军新造的豪华护卫舰"尼亚加拉"号上相对而开。不过，就在电缆铺设到 5 英里的时候，突然被卷到了机器里面，被弄断了。

菲尔德不甘心，进行了第二次试验。在这次试验中，在铺好 200 英里长的时候，电流突然中断了，船上的人们在甲板上焦急地踱来踱去，好像死神就要降临一样。就在菲尔德先生即将命令割断电缆、放弃这次试验时，电流突然又神奇地出现，　如它神奇地消失一样。漆黑的夜里，船以每小时四英里的速度缓缓航行，电缆的铺设也以每小时四英里的速度进行着。这时，轮船突然发生了一次严重倾斜，制动器紧急制动，不巧又拉断了电缆。

菲尔德并不是一个容易放弃的人。他又订购了 700 英里的电缆，而且还聘请了一个专家，请他设计一台更好的机器，以完成这么长的铺设任务。后来，英美两国的技术专家联手才把机器赶制出来。最终，两艘军舰在大西洋上会合了，电缆也接上了头；随后，两艘船继续航行，一艘驶向爱尔兰，另一艘驶向纽芬兰，结果它们都把电线用完了。两船分开不到三英里，电缆又断开了。待再次接上后，两船继续航行，到了相隔8英里的时候，电流又没有了。电缆第三次接上后，铺了200英里，在距离“阿伽门农”号20英尺处又断开了，两艘船最后不得不返回到爱尔兰海岸。

参与此事的很多人一个个都泄了气，公众舆论也对此流露出怀疑的态度，投资者对这一项目也失去了信心，不愿再投资。这时候，如果不是菲尔德先生百折不挠的精神，不是他天才的说服力，这一项目很可能就此放弃了。而菲尔德抱着必胜的信心继续为此日夜操劳，甚至到了废寝忘食的地步。他决不甘心失败。

于是，第三次尝试又开始了，这次总算一切顺利，全部电缆铺设完毕而没有任何中断，几条消息也通过这条漫长的海底电缆发送了出去，一切似乎就要大功告成了，但突然电流又中断了。这时候，除了菲尔德和一两个朋友外，几乎没有人不感到绝望。但他们始终抱有信心，正是由于这种坚持不懈的毅力，他们最终又找到了投资人，开始了新的一次尝试。他们买来了质量更好的电缆，这次执行铺设任务的是“大东方”号，它缓缓驶向大洋，一路把电缆铺设了下去。一切都很顺利，但最后在铺设横跨纽芬兰600英里电缆线路时，电缆突然又折断了，掉入了海底。他们打捞了几次，但都没有成功。于是，这项工作就耽搁了下来，而且一搁就是一年。

菲尔德没有被这一切困难所吓倒。他又组建一个新的公司，继续从事这项工作，而且制造出了一种性能远优于普通电缆的新型电缆。1866年7月13日，新的一次试验又开始了，并顺利接通，发出了第一份横跨大西洋的电报。电报内容是：“7月27日，我们晚上9点到达目的地，一切顺利。感谢上帝！电缆都铺好了，运行完全正常。希拉斯·菲尔德。”

不久以后，原先那条落入海底的电缆又被打捞上来了，重新接上，一直连到纽芬兰。现在，这两条电缆线路仍然在使用，而且再用几十年也不成问题。

自己把握人生

《伊索寓言》有一则讲的是：父子二人赶驴到市集去，途中听人说：“看看那两个傻瓜，他们本可以舒舒服服地骑驴，却自己走路。”老头子觉得这主意不错，便和儿子骑驴而行。不久，又遇到一些人，其中一个人说：“看看那两个懒骨头，把可怜的驴背都快压坏了，没有人会买它。”老头子和儿子商量了一下，便决定用另一种方式前进。他们绑着驴的四足倒挂在扁担上抬着走！临近黄昏时，两个人来到市镇附近一座桥边，累得直喘气。过桥时愤怒的驴子挣脱束缚，坠落河中淹死了。

这则已流传 2500 多年的寓言，提醒世人，遇事都必须学会有主见，掌握自己的生命。《伊索寓言》告诫我们：“你无法讨好每一个人。”但是你能了解自己、把握自己，这是不变的真理。

怎样才能有自知之明？不要一开始就坐下来批评自己，不要担心你比别人好或坏，而要设法了解自己到底是怎样的人。

以下几个问题用来帮助你更清楚地找出答案，即使显露出来的形象令你不快，也不要失望。

（1）你认为生命中什么东西最重要？什么事物令你兴奋？上一次令你激动的事发生在什么时候？这些答案是令你了解自我的有力线索。假如你回答说很少会感到兴奋，便要仔细想想了。

（2）你怎样排遣闲暇的时间？有没有令你感兴趣的嗜好？有的话，你也许找到了揭露自己秘密的线索。可如果你本来一有空就睡觉、遐想或看电视，而现在却在阅读可能改变你生命的文章，那就是个很好的现象。消极地沉迷幻想，可能表示你真正喜欢做的事，主要是存在你的幻想中。

（3）你对工作有什么感想？你喜欢的工作或学校生活的那一部分你得到了什么满足？无论做什么事，能不能找出其中的含义和乐趣，可以衡量出你的创作力和适应力。要是你能将一样工作哪怕不是你喜欢的工作，做得好而高兴，那你就有了幸福和成功的基础。

另外，如果你总是不喜欢一件迫于生活而非做不可的事情，你就造成了双重负担。我们经常有棘手或苦恼的事不能不办，要是你只凭着自己的兴趣，那你就失去了设法使工作做得更容易、更迅速而且更有趣的机会。

（4）你能面对现实吗？我们知道世人多半都是凡夫俗子，圣人犹如凤毛麟角，这是聊以自慰的事实之一。也许你一直深信不疑的事有些并不是真实的，你可能犯了错误，这一点你可以接受吗？面对现实，是否把生命中的错误和误解加以强调或夸大，而是不论好坏都要接受。

（5）你愿意改变吗？画家会偶尔退后几步欣赏他的作品，看看怎样使它更完美、更有深度。有创造力的人同样也会不时“退后几步”，检讨反省一下自己，看看有什么地方可能要改进。虽然有些方面是天生的，改变不了的，但你不必把自己看成预先包装好的制成品。你在人生旅途中会不断得到新的知识，使你进一步审视自己。事实上，完全依照自己认为适当的方式去改变自己，即使不是你的义务，也是你的权利。

（6）你能听到自己的心声吗？像许多人一样，你也许认为只有从别处听到或读到的东西才是最重要的，而只听从自己的主意无疑是放纵自己。假如你这样想，就是在欺骗自己。你自己的思想和意识，可以在你一生中最重要的时刻起着关键的作用。

如果你坚定不移地面对一些令你困扰的情绪，例如忧虑和沮丧，便能使这种情绪缓和，而能够控制自己。事实上，反应可能是一个信号，告诉你将会有新挑战或新机会。

例如：一个 40 岁的男子坦白地告诉朋友说，他一直希望做医生，可是怕自己年纪太大：“6 年后，我就超过 44 岁了。”

“即使你不去读医科，”朋友答得很中肯，“6 年后你也是 44 岁啊！”

最后是句鼓励的话。你一旦能客观地认识自己，一旦认为自己有能力掌握自己，就会开始看到以前从未发现的机会和潜力，你就会有勇气运用和发挥出自己从来不知道的力量和创造力。歌德在一首诗中，把这个意思表达得很好：

无论你会做什么，或幻想你会做什么，立刻做吧。

勇气含有天才、力量和魔力。

现在就开始做吧！

营销自己

我的一个朋友向我诉苦，说自己在一个大公司里干了6年，却一直默默无闻，既无大功也没大过，因此一直得不到提拔。他认为自己有一肚子的才学却得不到施展，为此很是苦恼。“这分明是命运与我作对嘛，一些比我后进公司的人都升了官，唯独我……”朋友愤愤不平。

低谷既是一种挑战，又是一种机会。

冯谖本来是一个贫穷人士，他勤学上进，虽粗茶淡饭，但其学识远近闻名，而其家中经常揭不开锅，吃了上顿没有下顿，受贫穷所迫他只得托人将自己推荐给孟尝君做门客，开始时先被安排在三等地方居住。

几天之后，孟尝君问管家：“新来的冯先生是否习惯了生活？”管家说：“他很无聊，每天抚剑自唱，哀叹我们供应的食物太差，连鱼都没有。”孟尝君听了之后将冯谖搬到二等房。

又过几天，孟尝君又问冯谖的情况，管家说冯谖仍抚剑自唱，哀叹出门没有车坐。于是，孟尝君又将他搬到头等房，从此出门可以享受坐车的待遇。

又过几天，孟尝君再问冯谖的反应，管家极为不满地说：“他贪得无厌，得寸进尺，现在又说自己不能照顾奉养高堂老母。”于是孟尝君又派人送金银、食物给他母亲，使冯谖安下心来。

“受人滴水之恩，当以涌泉相报”“士为知己者死”“知恩图报”是古人的做人原则，冯谖后来表现出了非凡的才智和过人的胆识，挽救了孟尝君濒临绝境的事业。

冯谖是积极进取的，不甘平凡，不甘平淡，使自己才尽其用，而比冯谖更积极、更勇于表现自己才能的是毛遂。

毛遂在越国丞相平原君门下过着平庸的食客生涯，三年来一直没什么表现。

一天，平原君要到楚国去求救兵，由于任务艰巨，需要挑选 20 人同行，但左挑右选只有 19 个，始终缺少一位，此时毛遂自告奋勇，将自己荐到平原君面前。平原君知道他寄居门下三年以来毫无作为，便说：“有才能的人好像锥子放在口袋里，尖头立刻刺破口袋而凸出来，你在这里三年了，仍没有特殊表现，还是留在家中算了。”

毛遂却说：“从今天起，我才走入布袋之中，如果机遇早点到，我早就脱颖而出了。”

平原君无可奈何只有接纳毛遂凑足 20 个人，出使楚国搬请救兵。结果全凭毛遂的力量，平原君才不辱使命。

冯谖、毛遂的成功都是在默默无闻的环境中积极进取，最后很好地把握机会推销自己，亮出自己的招牌。我们的古人如此，处于现代文明社会的我们又该如何呢？

大胆尝试

在低谷中，我们不仅要善于把握机会，还要善于创造机会。创造机会比把握机会更难。以一部《孙膑兵法》闻名于世，驰骋于古今的孙膑就是一位善于创造机会的人。

一山难容二虎，由于被嫉妒，他被好朋友、老同事庞涓出卖，割掉了膝盖的髌骨，带着残疾下肢的孙膑逃到齐国避难，遇上大将军田忌，受到田忌的礼待。

田忌好赌成性，经常和其他王孙公子赌马，但是他的马又没有别人的好，因而屡赌屡输。孙膑为他出主意：将马分成上、中、下三等，用自己的下等马对别人的上等马，自己的中等马对别人的下等马，用自己的上等马对别人的中等马。这样三赌两胜，按照比赛规则，就算赢了。这样，次次皆败的田忌终于反败为胜。

孙膑也因为这锦囊妙计而受到赏识，田忌将他推荐给齐王，统率三军，成为我国军事史上一座不可攀越的高峰。

中国历史上唯一的女皇帝——武则天，冒着生命危险，在残酷的宫廷斗争中表现出非凡的才智和高明的手腕，开创了前无古人、后无来者的事业。

她刚进皇宫时正值青春年幼，天真烂漫，活泼无邪，在皇宫中嬉戏游玩，无牵无挂，无拘无束。同样是童心未泯，同样向往自由，她和皇太子李治相遇、相识、相交。由于武则天年轻貌美，聪明伶俐，乖巧可爱，甚得太子喜欢，俩人常在一起谈心嬉闹。

一天，他们同游上苑观看金鱼，美丽的金鱼游来游去，体态婀娜多姿，武则天被吸引了。看着专注的武则天，李治顽皮性起，将手伸入鱼缸，将水轻弹到武则天脸上。

但是好景不长，唐太宗不久驾崩，按照宫廷规矩，所有嫔妃都削发为尼。武则天也没有能够幸免，被送入感业寺。

削发为尼，皈依佛门，跳出三界外，不在五行中，早晚一炷香，常伴古佛前，清茶淡饭，青灯古佛了残生。武则天岂愿安心过这样的生活？皇宫内院“凤阁龙楼连霄汉，玉树琼花作烟梦”何等令人羡慕，她企盼有朝一日重返宫门。

5 年后，皇帝——当年的太子李治来感业寺进香，武则天看着龙袍加身的皇帝，想着皇宫中许多趣事，无限感慨，而皇帝早已认不出眼前的小尼姑，儿时的玩伴已置于九霄云外。大胆的武则天趁侍候皇帝上香的时机，用手指在香鼎上写下了 10 个隐约的大字：“未得君王宠，先沾雨露恩。”李治看着字迹，才想起了那越走越远的往事，认出眼前的小尼姑就是当年陪伴身边的美人。

武则天终于离开了寺院，返回宫廷，开始了轰轰烈烈的政治生涯。

没有机会就自己创造机会，这是每一个试图战胜低谷的人所应当身体力行的。

女演员柏根亲切热情，泰然自若，衣着永远优雅华丽。她曾经过两次重大的事业的失败，一次是她白手起家，辛苦创立的“龟甲油”公司因亏损转让，另一次是她主持的电视节目“老少皆宜”，收视率不高，这两次的失败经验最能说明一个人不善于抓机会以及背运的本质。

对于第一次的失败，柏根说：

“我觉得就像自己的小孩死了，太让我伤心了，自尊心也受到了伤害。虽然我早已把公司脱手，但多少还是有失败的感觉。”

“老少皆宜”节目失败的经历却大不相同，当年柏根取代华特斯角色，与菲勒斯共同主持这个节目。一年后柏根决定不再主持，正当她在卡卜克度假时，有一天她拿起一份报纸，看到标题后双手颤抖。报上的标题写道：“柏根被国家广播公司开除。”虽然实情并非如此，但一般人却认为是这么一回事，使她感到羞耻。似乎那些欣赏她的人正望着她，指责她的失败。她说：“这是我所遭遇的最严酷的打击。我无力反抗，因为我越是抗议，人们就越认为事情就是这样。由于这件事被公之于世，弄得人尽皆知，使我比失去公司时更加难过。当龟甲油公司破产倒闭时，我虽然痛苦，却是私下的，国家广播公司的做法却使我受到公开的难堪。一想到别人认为我是被开除的，我就会发狂，因为那等于说她不行！”

40岁出头的史班利是纽约的一位女雕刻家，在一家颇有名气的画廊展出作品已多年，后来这家画廊因老板过世而结束营业。此时，她惊讶地发现自己竟然挤不进其他画廊。在前后两年多的时间里，她从一家雕刻商换到另一家，通过过去所有的生意关系、朋友的关系寻找机会，展示作品的幻灯片，把作品制成图画出售，出示珍藏品求售，然而仍然没有人愿意展售她的作品，她不了解原因何在。有时候她告诉自己可能是作品不好，有时候认为一定是自己的个性不够成熟，有时候甚至觉得这个世界在惩罚她的早年得志。于是，她变得非常消沉，无法工作。

有一天，一家雕刻商想把作品退还给她，并且说：“你是否想了解，我不打算展出你的作品的真正原因？”史班利拜托他告诉她。他坦率地望着她说：“你太老了。”43岁的史班利简直不相信自己的耳朵。雕刻商继续解释说，画廊老板想要的是刚出道的“走红”的青年艺术家，他们的作品不仅售价低，而且可以因被艺术“发掘”出来一鸣惊人，为画廊带来名气；另一种原因是他们想要的是真正知名艺术家的作品，然而她两者都不是。她却是中等价格、中等年龄的不错的艺术家，既不能为画商带来高利润，也不能带来名气。虽然她才43岁，从艺术的角度看却已经太老了。

柏根和史班利可以说是两个不走运的女人，人生巨大的打击使她们对发展的好机会望尘莫及。然而上帝是公平的，机会无处不在，机缘会降临在每个人的身上，关键看你是否能够把握。柏根和史班利是明智的女人，她们没有被一时的不幸击倒，她们在苦命中挣扎，当机遇再次来临时，她们紧紧抓住了它，从而改变了自己不幸的命运。

好运气再次光顾柏根和史班利。如今，柏根经营的女鞋和珠宝的事业相当成功。从“龟甲油”公司的失败经验中，她学会了要完全把公司控制在自己的手中。因为“老少皆宜”节目使她备受侮辱的教训，她决定，一切事情都要以自己的判断为准则，不能再让别人有羞辱她的机会。

虽然史班利并不喜欢她听到的话，但是却听进去了，忽然间她在所有的闭门羹中总结出了相同的缘由。她想起其他雕刻商所用过的关键字句：成熟的作品、古典的作品、不合时宜。

史班利告诉自己一个痛苦的事实："我可能找遍全纽约也找不到一个代理商了。"接受这个事实促使她改变做法。她不再漫无目的地去找画廊，如果基础稳定的代理商不愿展售她的作品，那么她就来做自己的代理人。

现在史班利自己策划宣传自己的展售画廊。她在自己的画廊里准备了酒和乳酪，热情地邀请人们来看她的作品。虽然她从不喜欢用这种生意方式出售艺术品，但仍然学会了怎样去做生意。具有讽刺意味的是，自从她开始经营自己的画廊之后，反而获得了前所未有的机会与成功。

世上总有那么一些人，他们的人生之路走得十分顺利。纵观他们的一生，福、禄、寿、禧、财样样俱全，良好的发展机会总是与他们为伴。他们升迁迅速，出名很快，财源滚滚，心想事成，似乎所有的麻烦与他们无缘，困难给他们让路，上帝也似乎特别照顾他们，他们的一生太有运气了。

运气，这个不可捉摸的东西，过去人们总以为它是一种上天的安排。运气总是从天而降，不期而至，是人力所无法把握的。然而，只要仔细看一看那些走运的人，你会发现有多少"运气"是人们自己创造出来的。实际情况是，运气有时虽然是成功的机会因素，"运气好的人"也分享了某些不变的特性。

走运的人不断让自己处在十分顺利的位置。换句话说，他们占上风，他们参与，并告诉别人他们愿意接受帮助。多年前卡尔娜博士"有幸"在派伯汀大学上过一门财政学，她的朋友们都不相信教授会在这门课程上给她一个A，他们认为她顶多只能拿到B。他们不知道卡尔娜博士抓紧利用了她的一切空隙时间去拜访教授。毫无疑问，教授知道卡尔娜很用功，也知道她非常熟悉课程内容。是她走运吗？

从那一次起，卡尔娜又走运了许多次。她真的很幸运，例如，为了宣传促销自己的作品，她上了全国某些广播和电视节目。当他人抱怨缺乏促销机会或等待电话铃响时，卡尔娜却忙着寄书，发新闻稿，向全国的制作人提供新点子，有时候每天做了好几次，连续了好几个月。卡尔娜幸运吗？当然是啦！可是她让人们都看到她已经做好充分的准备，愿意抓住每个机会，因此为自己创造了好多运气。

卡尔娜有位熟人刚刚在企业界走运。“他真的走运了”，人人都这么说。他在人们还没起床前就到达办公室，或记住老板以及他的孩子的生日，或犯错时愿意道歉，不单独居功，总是与人分享，碰到好事时总是不忘说声“谢谢你”，而且在其他人全部放弃后还不屈不挠。他确实很幸运，是他让自己处在一个幸运的位置。创造自己的机会，就好比在理想的环境中开垦一座花园。如果你提供最肥沃的土壤、水分、阳光和空气的条件，你的植物将会“更幸运”。如果你不做这些事，你还是可能走运，可能也会有极好的收成，可是概率就小多了。

我们的秘诀是设计将你放入一个有利的幸运位置，等待好机会的来临。你会注意到大部分的秘诀都是来给你设计一个优势，改进你的态度，帮助你永远晓得好机会或好运气会从何处降临。走运的人知道这一点，所以他们总是表现得好像运气就在前面的转角处。或许你选择对机会和运气绽放笑容，而非皱着眉头或忽略不计。当你牢记这些忠告时，你会发现机会已经开始向你走来了，然后就该别人说你走运了。

成为领军者

顺境固然好，它可以让你毫不费力地到达自己理想的彼岸，但如果一个人处于低谷之中怎么办？其实，只有秉着信念之灯继续前行，我们才能真正到达阳光地带，我们的目的地。正如大多数成功者所坚信的那样：“我知道我不是低谷的牺牲者，而是它们的主人。”

克莱恩是古希腊的一个奴隶，在他生活的那个时代，奴隶只是主人的一种劳动工具，法律规定，除了自由人之外，像他这样的人不准从事和追求艺术，否则就要被宣判死刑。然而作为奴隶的克莱恩却没有被这不公正的法律所吓倒，他以狂热的心态执着追求崇拜着艺术和神圣的美，并决心要让自己的雕塑作品在某一天得到伟大的雕塑大师菲迪亚斯的肯定。于是，在深爱他的姐姐的帮助下，他把自己的工作放在了屋子里的地下室进行。姐姐为他准备了两盏油灯和足够的食物。

地窖里阴暗、潮湿、缺乏氧气，但是为了自己心中的艺术，克莱恩什么样的困难都能克服。

时隔不久，所有的希腊人都被邀请到雅典参观一个艺术品的展览。这次展览在当地的大市场上举行，由雅典国王伯里克利亲自主持。在他的旁边，站着他宠爱的阿斯帕齐娅以及雕刻家菲狄亚斯、哲学家苏格拉底、悲剧诗人索福克勒斯以及其他许许多多的知名人士。

几乎所有伟大的艺术巨匠的作品都被陈列于此，但是在琳琅满目的艺术珍品中，有一组作品显得尤为出类拔萃、卓尔不群——它们是那么地精美绝伦，仿佛就是阿波罗本人凿刻出来的。这组作品成了人们瞩目的中心，所有人都在其摄人魂魄的艺术美之前心旷神怡、赞叹不已，就连那些参与竞争的艺术家们也一个个心悦诚服地甘拜下风。

“谁是这组作品的雕刻者？”没有人知道答案。传令官重复了这个问题，人群中还是寂静无声。“那么，这就是一个谜！难道它们会是一个奴隶的作品吗？”

人群中突然出现了一阵很大的骚动，一个清纯美丽的少女衣裳凌乱，头发蓬松，双唇紧闭，大大的眸子里充满坚毅的神色，被拖到了大市场里。“这个女人，”当地的行政官声嘶力竭地喊道，“就是这个女人知道雕刻者的底细。我们确信这一点，但是她死活都不肯说出雕刻者的名字。”

姐姐克莉恩受到了严厉的盘问，但是，她的回答只是沉默。她被告知了自己的行为应当受到的惩罚，然而，这位勇敢的姑娘还是不出一声。“那么，”伯里克利说道，“法律是神圣不可违背的，而我恰恰是负责执法的大臣，把这位姑娘关到地牢里去。”

当他做出这番宣判的时候，一个长着一头飞扬长发的年轻人气喘吁吁地冲到了他的面前。这个年轻人尽管身材消瘦，满脸憔悴，但那黑黑的眼睛却闪烁着只有天才才有的那种耀眼光芒，就如夜空中的两颗明星一样。他高声地央求道：“噢，伯利克里，请饶恕和赦免那个女孩吧！她是我的姐姐，我才是真正的罪魁祸首。那组雕塑出自我的双手，出自我这个奴隶的双手。”

愤怒的人群打断了他的话，人们群情激昂地喊道：“把他关到地牢里去，把这个奴隶关到地牢里去。”

但伯里克利站了起来，威严地说道：“只要我活着，就不允许这种事情发生！看一看那组雕塑吧，阿波罗以他的名义告诉我们，在希腊某些东西要比一部不正义的法律更为重要。法律的最高目的应该是发展美的事物，扶植美的事物。如果说雅典会永远活在人们的记忆中，会名垂史册的话，那是因为她对艺术做出了巨大贡献，是这种贡献使得她永远不朽。不要把那个年轻人关到地牢里去，让他站到我的身边来。”

就这样，当着会场上成千上万的公众的面，阿斯帕齐娅把拿在自己手中的用橄榄枝编成的花冠戴在了克莱恩的额头上。与此同时，在人群如雷般的掌声和喝彩声中，她温柔地吻了克莱恩深情挚爱的姐姐。

在古希腊神话中，还有一个西西弗的故事。西西弗因为在天庭犯了法，被天神惩罚，降到人世间来受苦。天神对他的惩罚是：要他将一块石头推上山。每天，西西弗都费很大的劲把那块石头推到山顶，然后回家休息，可是在他休息时，石头又会自动地滚下来，于是，西西弗又要把那块石头往山上推。这样，西西弗所面临的是：永无止境的失败。天神要惩罚西西弗的，也就是要折磨他的心灵，使他在“永无止境的失败”命运中，受苦受难。

可是，西西弗不肯认命。每次，在他推石头上山时，天神都打击他，用失败去折磨他。西西弗不肯在成功和失败的圈套中被困住，他在面对绝对注定的失败时，表现出明知失败也绝不屈服的抗争意志。天神因为无法惩罚西西弗，就放他回了天庭。

西西弗的命运可以解释我们一生中所遭遇的许多事情，其中最关键的是：生活中的困难都是有“奴性”的，如果我们凭自己的努力战胜了它，我们便成为它的主人，否则我们将永远是它的奴隶。

在一次记者招待会上，一名记者问美国副总统威尔逊，贫穷是什么滋味时，这位副总统向我们讲述了一段他自己的故事。

“我在 10 岁时就离开了家，当了 11 年的学徒工，每年可以接受一个月的学校教育。最后，在 11 年的艰辛工作之后，我得到了 1 头牛和 6 只绵羊作为报酬，我把它们换成了 84 个美元。从出生一直到 21 岁那年为止，我从来没有在娱乐上花过一美元，每个美分都是经过精心算计的。我完全知道拖着疲惫的脚步在漫无尽头的盘山路上行走是什么样的痛苦感觉，我不得不请求我的同伴们丢下我先走……在我 21 岁生日之后的第一个月，我带着一队人马进入了人迹罕至的大森林，去采伐那里的大圆木。每天，我都是在天际的第一抹曙光出现之前起床，然后就一直辛勤地工作到天黑后星星探出头来为止。在夜以继日的辛苦努力之后，我获得了 6 美元的报酬，当时在我看来这可真是一个大数目啊！每个美元在我眼里都跟晚上那又大又圆、银光四溢的月亮一样。”

在这样的穷途困境中，威尔逊先生下决心，不让任何一个发展自己、提升自我的机会溜走。很少有人能像他一样深刻地理解闲暇时光的价值，他像抓住黄金一样紧紧地抓住了零星的时间，不让一分一秒无所作为地从指缝间流走。

在他 21 岁之前，他已经设法读了 1000 本好书——想一想看，对一个农场里长大的孩子，这是多么艰巨的任务啊！

要想真正地战胜低谷，就必须对自己说："我知道我不是低谷的牺牲者，而是它们的主人。"

要经得起时间的考验

人生在世，谁都会有跌落低谷的时候。人只有经过无数次的打击磨炼后，才会变得更加坚强成熟。我们只要在失败面前不灰心、不悲观、不消极，就一定能在最后有收获、成功。

中国有一句老话，“三十年河东，三十年河西”，这句话告诉我们虽然目前处于不幸的低谷中，但终究会有峰回路转的一天。对前途抱乐观的希望，忍耐现在的痛苦，等待时来运转是十分有价值的。

人们常说的“失败是成功之母”，这不是甜美的格言，而是经过辛酸苦辣的生活得到的真理。人生中经过一次失败，便加一份知识长一份经验。失败越多，取得的最后成就也越大。

成功的机会对于每个处在艰难困境中的人都是均等的，但是，成功并不是每个人都能获得，它属于坚韧者。在低谷中崛起须有坚韧之志，而坚韧之志来源于对事业孜孜不倦的追求。有了坚韧之志，才能战胜险恶的环境，才能在低谷中崛起。

“人在失意之时，要像瘦鹅一样能忍饥耐饿，锻炼自己的忍耐力，等待机会到来。”这就是养鹅曾经给台塑集团董事长王永庆带来的启示。

在抗战时期，由于粮食不足，鹅饲料极为缺乏，因此，只得让它们在野外吃野草。一般说来，鹅养了 4 个月后，就有五六斤重；可是，当时养的鹅，由于只吃野草，4 个月下来，瘦得皮包骨，只有两斤重。

王永庆买下了许多的瘦鹅，然后用卷心菜的粗叶子喂它们（这是当时一般人没有想到的）。两斤重的瘦鹅，经过他两个月的用心饲养，重达七八斤，非常肥。

究其原因，是因为瘦鹅具有强韧的生命力，不但胃口奇佳，而且消化力极强，所以，只要有东西吃，它们立刻就肥起来了。

在时间就是金钱的现代社会里，一切讲求快速。放眼望去，吃的是速食面，读的是速成班，走的是捷径，渴望的是瞬间发财，以至于造成社会追逐功利、普遍短视的现象。

老祖宗告诉我们，鸡肉要用小火慢慢地炖，才会好吃；拜师学艺，至少要3年以上才会有成；任何工匠，讲究的是慢工出细活。可是，我们已经把这套宝贵的生活哲学遗忘了。

在今天，很多人不再脚踏实地，处处显得浮躁马虎，急功近利。

有个小孩在草地上发现了一个蛹，他捡回家，要看蛹如何羽化成蝴蝶。

过了几天，蛹上出现了一道小裂缝，里面的蝴蝶挣扎了好几个小时，身体似乎被什么东西卡住了，一直出不来。

小孩于心不忍，心想："我必须助它一臂之力。"于是，他拿起剪刀把蛹剪开，帮助蝴蝶脱蛹而出；可是它的身躯臃肿，翅膀干瘪，根本飞不起来。

小孩以为几小时以后，蝴蝶的翅膀会自动舒展开来，可是他的希望落空了，一切依旧，那只蝴蝶注定只能拖着臃肿的身子与干瘪的翅膀，爬行一生，永远无法展翅飞翔。

大自然的道理是非常奥妙的，每一生命的成长都充满了神奇，瓜熟蒂落，水到渠成。蝴蝶一定得在蛹中痛苦地挣扎，一直到它的双翅强壮了，才会破蛹而出。

"拔苗助长""欲速则不达"，这是生活的真谛。炖、熬、磨炼、挫折、挣扎，这些都是成长必经的过程。

"头悬梁、锥刺股""卧薪尝胆"，越王勾践的忍辱复国之路也是艰难曲折的。

在吴越战争中，越国首先兵败，越王勾践作为人质被扣留在吴国，为了取得吴王夫差的信任，勾践吃了不少苦，忍受常人无法忍受的痛苦。

有一次，吴王夫差病了，曾作为一国之君的勾践竟然去吃夫差的大便，并大肆宣布："人的粪便，如果是香的，性命便有危险，如果是臭的，表示他生理正常。吴王粪便很臭，他一定会痊愈的。"他的夫人和部下只能背后垂泪，无声叹息。

忍耐是争取时间的方法，是创造时机等待机会的方法，正如拿破仑所说：“战争的成败仅在最后 15 分钟，因为坚持到最后的才是胜利者。”这也是我们中国人所信奉的：“笑到最后的才是笑得最好的！”

每一件新事物的产生都会程度不一地给予人们久已习惯的事物和观念以极大的冲击，令人们无法接受。发明者大多遭到人们的排斥，发明之父——爱迪生所受的讥笑、指责，我们可以想象，他曾被人视为洪水猛兽，但他无视这一切，依然沉醉于自己的发明之中。发明电灯，他用了 1000 种方法，每一次失败，都受到别人的冷嘲热讽，他却笑笑说：“与此同时，我又找到了 999 种不能用电发光的方法。”

“昨夜西风凋碧树，独上西楼，望尽天涯路。”成功的道路是孤独的，脚下的路必须自己走，无数日与夜的煎熬，多少怀疑和不解，都必须承受。“高处不胜寒”，高手从来都是孤独的。

“衣带渐宽终不悔，为伊消得人憔悴。”成功的道路不会是鲜花遍地，彩霞满天，内因外难从各个方面向你袭来，令你不胜负荷，不堪忍受。

但你必须忍，只为那“蓦然回首”之间，“在灯火阑珊处”的“伊人”。

渴望成功的人们，正在低谷顽强跋涉的人们，千万别气馁，请将“忍”字深锲在心头。

低谷中学会耐心等待

在低谷之中，学会耐心地等待时机是非常重要的。

战国时，安陵君是楚王的宠臣。有一天，江乙对安陵君说：“您没有一点土地，宫中又没有骨肉至亲，然而身居高位，接受优厚的俸禄，国人见了您无不整衣下拜，无人不愿接受您的指令为您效劳，这是为什么呢？”

安陵君说：“这不过是大王过高地抬举我罢了，不然哪能这样！”

江乙便指出：“用钱财相交的朋友，钱财一旦用尽，交情也就断绝；靠美色交结的朋友，色衰则情移。因此狐媚的女子不等卧席磨破，就遭遗弃；得宠的臣子不等车子坐坏，已被驱逐。如今您掌握楚国大权，却没有办法和大王深交，我暗自替您着急，觉得您处于危险之中。”

安陵君一听，恍如大梦初醒，方知自己其实正处于一个非常危险的境地。他恭恭敬敬地拜请江乙：“既然这样，请先生指点迷津。”

“希望您一定要找个机会对大王说，愿随大王一起死，以身为大王殉葬。如果您这样说了，必能长久地保住权位。”

安陵君说：“我谨依先生之见。”

但是过了三年，安陵君依然没对楚王提起这句话，江乙为此又去见安陵君：

“我对您说的那些话，至今您也不去说，既然您不用我的计谋，我就不敢再见您的面了。”

言罢就要告辞，安陵君急忙挽留，说：

“我怎敢忘却先生教诲，只是一时还没有合适的机会。”

又过了几个月，时机终于来临了。这时候楚王到云梦去打猎，1000 多辆奔驰的马车连接不断，旌旗蔽日，野火如霞，声威十分壮观。

这时一条狂怒的野牛顺着车轮的轨迹跑过来，楚王拉弓射箭，一箭正中牛头，把野牛射死。百官和护卫欢声雷动，齐声称赞。楚王抽出带牦牛尾的旗帜，用旗杆按住牛头，仰天大笑道：

“痛快啊！今天的游猎，寡人何等快活！待我万岁千秋以后，你们谁能和我共有今天的快乐呢？”

这时安陵君泪流满面地上前来说：“我进宫后就与大王共席共坐，到外面我就陪伴大王乘车。如果大王万岁千秋之后，我希望随大王奔赴黄泉，变作褥草为大王阻挡蝼蚁，哪有比这种快乐更宽慰的事情呢？”

楚王闻听此言，深受感动，正式设坛封他为安陵君，安陵君自此更得楚王宠信。

后来人们听到这事都说：“江乙可说是善于谋划，安陵君可说是善于等待时机。”

等待时机的来临需要充分的耐心。这个过程也是积极准备、待条件成熟的过程，等待时机决不等于坐视不动。《淮南子·道应》云：“事者应变而动，变生于时，故知时者无常行。”

尽管江乙眼光锐利，料事如神，毕竟事情的发展不会像人们设想的那样顺利和平静，而安陵君过人之处在于他有充分的耐心，等候楚王欣喜而又伤感的那个时刻，这时安陵君的表白，无疑是雪中送炭，温暖君心，因此也改变了险境，保住了长久的宠臣地位和荣华富贵。

会创造机会

披着神秘外衣的“机会”，给人生涂上了很多扑朔迷离的色彩。它常常是不期而至，不辞而别，稍纵即逝。你一心等它，可能长期不见其踪影；你不去想它，又可能“时来运转”，受到它的光顾。所以，有的人常常把自己能否碰到好的机会归结为“运气”，有的甚至归之为“命运”。其实，机会虽然难料，但也不总是命运之神操纵的东西。

对于把握机会，有人归于运气的好坏。例如，有人确有劳动时挖出金条、拣到钻石等可遇不可求的好运气，但把握机会更要靠我们自己。伟大的音乐家贝多芬一生穷困潦倒，在爱情上屡遭不幸，成年后又遭耳聋的厄运，但他能够“扼住命运的咽喉”，终于成为一代“乐圣”。他所凭借的正如他给一位公爵的信中所说：“公爵，你之所以成为公爵，只是由于偶然的出身，而我成为贝多芬则靠我自己。”

“弱者等候机会，而强者创造机会。”机会虽受各种因素的综合影响，但不管如何，有一点是可以肯定的，经过个人的努力，机会是可以把握的。美国有位学者曾通过对奥林匹克运动员、总经理、宇航员、政府首脑以及其他获得成功者的多年探访，逐渐认识到成功者绝非是因为拥有特权环境、高智商、良好教育或异常天赋的结果，同样也不是一时走运，而是由于他们对自己行为的负责；认识自己的才能，追求自己的目标；迎接挑战，适应生活。他把这三点称为“成功者的优势度”，是成功者与普通人之间存在着的一种微妙的差别。有的人天赋甚高，却恃才自傲而短于行动，丧失了不知多少成就事业的机遇。有的人一时走运，初建成果后，便陶醉于快乐而忘记自己面临更多的机会，终究难成大器。唯有那些在创造奇迹之后，能很快忘记快乐，并清醒地面对未来之人，才能终成伟业。而所有这些，无不是为其积极的生活态度所决定。

面临机会却无能承担，等于没有机会，要把握住机会，还必须有渊博的知识。一个人的知识越多，才能越大，生活中可能出现的机会越多。金子总是要发光的，而发光的东西总是易于被人发现。弗莱明成功地发明了青霉素之后，有人问他是不是靠“运气”帮忙，他说：“不要等待运气降临，应该努力去掌握知识。”知识丰富了，能力提高了，机会出现的概率会相应提高，获得机会的系数也会相应地变大。

危机中隐藏着机会

近十年以来，中国人面临着一个社会难题，就是大量职工下岗。到目前为止，全国城镇失业人员总数远远超过了 1000 万。

“下岗”使许多人陷入了低谷。首先，失去了固定的工作与收入，没有了生活费的来源，甚至全家的基本生活都得不到保障；其次，下岗职工的心理受到很大的创伤，认为我下岗是因为我没本事，从而感觉无颜面对父母、配偶、子女、朋友；最后，再就业非常困难。因为近几年国家经济结构调整，许多企业改制转产，而下岗人员在原单位所掌握的技术比较单一也比较落后，两种因素决定下岗职工再就业非常困难。概括起来就是三句话：生活无着落，没脸见人，前途渺茫。绝大部分下岗职工都把自己当作不幸者。

职工的再就业问题很多，困难极大，但我们还是要正视这些问题与困难，一味地怨天尤人不能解决任何问题。

我们要对下岗有一个正确的认识。首先，大面积下岗是中国过去几十年以来社会、经济发展的一种必然结果。计划经济时代造成的国民经济结构失调，使现在许多企业的产品没有市场；大锅饭使企业效率低下，严重缺乏资金进行技术改造，国有企业技术普遍落后，造成产品缺乏竞争力；企业社会负担沉重，同样严重影响了企业用于经营与技术改造的资金。这一切造成的危机积累起来，到今天终于再也不能回避，只有通过部分职工下岗来解决，通过职工下岗使技术落后、没有市场的老企业关停并转，通过下岗使社会负担沉重的老企业减人增效，这样才能使企业重新具有发展的活力。

其次，以前的“上岗”其实是不正常的一种状态。长期以来，我国的大多数城镇劳动者都在一个完全属于自己的“单位”里，习惯了稳定平和的生活，不管风吹雨打，不管工作干得如何，工资照发，房子照分，治病实报实销，基本上没有什么压力。

这就如同笼中的鸟一样，有人管，有人喂，虽然吃得不好，有时候还吃不饱，但鸟总是饿不死。久而久之，它就把笼中的生活当成了正常的生活，处于自然状态的生活，产生一种安全感、优越感，从而丧失了进取心，产生了惰性，而把笼外的鸟在海阔天空中觅食当成一种不正常、非自然状态的生活，甚至还会鄙夷、耻笑那些在海阔天空中自由觅食的鸟儿。

在我们聪明的人类看来，笼中鸟的思想显然是错误的，自由觅食的鸟虽然时时会有困难，时时会有危险，它也在海阔天空中锻炼了生存的能力，增强了觅食的本领，它的收获从总体上说比笼中鸟更丰富，它的生存能力比笼中鸟要强得多。

人的“上岗”与“下岗”就好比是笼中鸟与笼外鸟。计划经济体制下的“上岗”就是笼中鸟，人们在“单位”里没有生存压力，没有努力工作的意识，生存能力低下，这实际上并不是人的正常生存状态。“下岗”的本质就是需要自己给自己找工作，自己为自己的生存和生活道路负责，这才是人的正常生存状态。下岗就是人的生存状态由不正常走向正常。

再次，下岗将成为中国人普遍面临的问题，自主择业竞争上岗将成为中国人普遍的生存状态。

随着中国国有企业改革进程的推进，还将有一大批国企职工下岗。随着中国市场经济体制的逐步完善，企业用人必将引进成熟的竞争机制，个人在就业上的主动性也越来越强，到那时，被动下岗不再成为下岗的主流，可能有一大批人为了追求更好的工作环境，更好地发挥自己的能力，获得更多的收入，从而主动下岗另谋上岗的机会。不断地下岗，不断地再到理想的工作单位竞争上岗，将成为一种普遍存在的现象。实际上，这种机制的成熟，也会给每一个真正有能力的人在海阔天空的条件下提供发挥才能的机会。

为什么说下岗是一种社会的机会呢？

首先，从历史上看，每一次大的社会变动都会给人们带来一次大的发展机会。在社会经济变革时期，劳动力流动性增强，旧的秩序废弃了，新的秩序还没有完全建立起来，在这个时候，那些脑筋比较灵活，动作比较快的人，就能在这个社会大变革时期抓住潜在的机会，取得成功。而目前的下岗现象，正是当代中国社会的一次深刻的改革，这其中必然蕴藏着大机会。

其次，每一次社会变革出现的初期，总是困难最多风险最大的时期。

回想起20世纪80年代初那次改革，曾是个体户的黄金时期，那些“主动下岗”的停薪留职或辞职人员，他们的一纸辞呈就把自己放到了社会大市场里，其豁达与勇气在当时曾不被人理解，名声是很差的，但是他们却因此而抓住了机会，获得了成功，后来曾经被评为“中国商界十大风云人物”的联想集团总裁柳传志就是一个典型的例子，他曾经说过这样一句话：“踏上一步，踩实了，再踏上一步，再踩实，当确认脚下是坚实的黄土地以后，撒腿就跑。”在那个时期，具备灵敏嗅觉的人很早就认清楚了“铁饭碗”的弊端，认清楚了机会对于自己的重要性，像柳传志那样的千千万万个聪明人因此走上了成功之道。

将他们的幸运与现在我们的状态相比较，暂时的困境和“名声差”会不会预示着或许这次国有企业职工整体性下岗也是一次社会性的成功机会呢？

最后，先下岗比后下岗的人更有条件抓住这次机会。不断地下岗，然后不断地再就业，这是将来中国经济发展中的正常现象。也就是说，今后不可能再有什么“铁饭碗”了，每一个人将来都有可能下岗，早下岗者先行接受生存的考验，思想观念得以提前转变，在市场竞争中可更早地寻找机会站稳脚跟。后下岗者则不然，他们为了获得生存能力，实现观念的转变过程，可能比先下岗者要付出更多，从这一点来说，迟下不如早下。有人就此说了一个很有意思的比喻：

“远古时期，森林里着了大火，被追跑出来的猴子先变成了人，而生活在没有着火的森林里的猴子，直到现在仍然还是猴子。”

这个比喻不一定恰当，但是至少可以说明，从社会进步以及个人长远发展看来，“职工下岗”这场“大火”，虽然会有阵痛，但或许也是一次机会，至少不完全是坏事。困难并不一定是坏事，机会往往产生于此。

错误中的机会

在一般人的眼里，错误导致的是失败与低谷。所谓“一着走错、满盘皆输”，有时一个错误可能导致你在低谷中很长时间挣扎不出来。

然而，犯错误仿佛又是人的一种天性，这个世界上绝对没有不犯错误的人，但人们对待错误的态度不一样，就导致了在抓住和创造机会方面大不一样。

“王致和”臭豆腐今天已是许多人喜欢的“闻起来臭吃着香”的美味，但或许很少有人知道，这臭豆腐竟然是由一次错误而生产出来的。

相传康熙年间，安徽青年王致和赴京应试落第后决定留在京城，一边继续攻读，一边学做豆腐谋生。

可是，他毕竟是个年轻的读书人，没有经营豆腐生意的经验。夏季的一天，他所做的豆腐还剩下不少，只好用小缸把豆腐切块腌好。但日子一久，他竟把这缸豆腐忘了，等到秋凉时想起来了，腌豆腐已经变成了“臭豆腐”。

王致和十分恼火，正欲把这“臭气熏天”的豆腐扔掉时，转而一想，虽然臭了，但自己总还可以留着吃吧。

于是，就忍着臭味吃了起来，然而奇怪的是，臭豆腐闻起来虽有股臭味，吃起来却非常香，味道鲜美。于是，王致和便拿着自己的臭豆腐去给自己的朋友吃。好说歹说，别人才同意尝一口，没想到所有人在捂着鼻子尝了以后，都纷纷赞不绝口，一致公认此豆腐美味可口。

王致和借助这一错误，改行专门做臭豆腐，生意越做越大，而影响也越来越广，最后，连慈禧太后也闻风前来尝一尝这难得一见的臭豆腐，对其大为赞赏。

从此，王致和与他的臭豆腐身价倍增，不仅上了书，还被列为御膳菜谱。直到今天，许多外国友人到了北京，都还点名要品尝这所谓“中国一绝”的王致和臭豆腐。

因为一个小小的错误，王致和改变了自己的一生。事实上，与王致和相同经历的人比比皆是，为什么独有王致和能够看到并抓住了这样一个因为错误而产生的机会呢？原因至少有两点：

一是王致和的细心。

在他发现臭豆腐坏了以后，并没有一气之下将其扔掉，而是留下来并品尝了一口，结果发现臭豆腐居然如此“香”。

二是王致和独具慧眼。

我们可以说，事实上，虽然王致和的臭豆腐十分可口，但它仍旧十分“臭”，而有许多人是完全接受不了这股臭味的，哪怕今天仍是如此；但王致和认为，自己能接受，就一定会有人接受，所以一定会有市场，这也体现出王致和有敢于冒险的精神。

所以，错误本身虽然能够产生机会，但这种机会是隐藏着的，只有细心和独具慧眼的人才能从错误中发现机会，从而抓住机会。事实上，机会往往是一种稀缺的、条件苛刻的社会资源，要得到它，必须要付出相当的代价和成本，必须具备相应的足够胜任的资格，而“将错就错”，能够在错误中找寻新的机会，无疑就是至关重要的一个关卡。

其实，一个人从来不犯错误是不可能的，特别是在探索未知领域和发明创造，乃至在生活的每一个细节中，关键在于要变坏事为好事。犯错误后能认真反省，能变错误为正确，这不仅是一个人的品质表现，也是一个人发掘创造才能的保证，因为抓住机会才有可能产生这种综合效应。

错误往往是正确的先导，失败是成功之母。而那些怕犯错误的谨小慎微者，很少能有创造奇迹获得成功的机会。

美国加利福尼亚州门罗公园“创造性思考”公司创办人兼总经理罗杰·冯·伊区，在《如何激发创造力》中认为把犯错误列为坏事是“心智枷锁之一”，他说：

“如果你不经常犯错误，你就无法发挥潜力。”

事实上，错误本身并不可怕，怕的是人们自认为错误的心理，一旦犯了错误就认定已经是错误的了，自暴自弃不再去做过多的努力。中国有句老话“浪子回头金不换”，在你犯错误的时候，机会或许已经悄然来到你的身边，只要分辨是非主动改变错误，才能抓住这来之不易的千金难得的机会。

定律 6

称赞是抵达人类灵魂的爱

用钥匙开启潜能宝藏

一说到财富，以前的人们就马上联想到阿里巴巴通过“芝麻开门”进入的宝洞，或是基督山上那富有传奇、幻想气息的珠宝。当代人呢，不由地幻想起美国百老汇大街的富佬们、中东石油王国的主人，甚至在太平洋上文莱那金子铺成的王宫，这些无疑是财富的象征，但并不是真正的财富，总有一天会用光的，而那无穷无尽的财富在哪里呢？它就在地球上每个人的头脑中，无论你发现了多少金矿、银矿、钻石矿或石油、天然气，挖出来的财产总及不上IT业的奇才比尔·盖茨的一个念头。

每一个人都有一座无穷的潜能宝藏，只要自己善于去挖掘这座宝藏，肯定会成为世界上最富有的人。

曾经有一段资料报告中说，人的潜能到底有多大？一个人的潜能大概只开发了大约10%或5%，像爱因斯坦这样聪明的人，他的潜能大概只开发了12%左右，只比一般人多了2%。

连这么成功的人都只开发了12%的潜能，人的潜能到底有多大？于是这个报告中问：一个人如果开发了50%的潜能，他到底能做哪些事情呢？他大概能背400本《百科全书》，堆起来能有几层楼那么高；大约可以念完十几所大学，还可以说十七八种不同国家的语言，这是多么惊人的一件事情啊！400本《百科全书》加上十几所大学，再加上十几国的语言，可见人的潜能到底有多大，这是任何人都想象不到的。

可是一般人都认为自己只能这样而已，无法再发挥了，无法再到达极限了。

这样浪费资源，尤其是自己大脑的资源，是非常可惜的。

日本的《朝日新闻》有一则报道，一位妈妈有一个 9 岁的女孩，因为她已经跟她先生离婚了，她跟她小女儿相依为命，女儿每天早上起来的时候，都会很高兴地看她妈妈，拥抱她妈妈。

有一天她妈妈要去买菜，她知道女儿 10 点才会起床，于是她计算好 9 点去买菜，10 点以前回到家里面就可以了。没想到她女儿 9 点半就起床了，当她女儿起床看不到妈妈时非常着急，就大声地叫："妈妈……"她妈妈去买菜当然听不到，于是小女孩到处找，最后跑到阳台上去找，这时她看见妈妈回来就大声叫："妈妈！"而她妈妈看到她女儿时，怕女儿掉下来，就挥着手喊她不要跳。由于她女儿看不懂她妈妈的手势，以为妈妈让她跳下来，就往下跳，当她妈妈看见女儿往下跳时，火速跑过去把女儿接住了。

可是，她妈妈当时不可能在 1~2 秒之内跑 100 多米的距离。这个新闻发布出去以后，立刻震惊了整个日本，很多新闻界的记者采访她们，都说不可能，所有的记者都不相信。她妈妈说再试一次，可是不能拿她女儿试，就拿枕头试一试，把枕头装上一样重量的棉花，拿到四楼，当上面试验的人喊开始，她妈妈跑不到一半这枕头就掉下来了，根本接不到。

她妈妈说："我当时真的跑过去接到了，你看我女儿还在这里。"

当时找到日本跑得最快的选手来试试看，结果一开始跑，枕头就掉下来了，根本没有人能做到。

后来心理学家分析了这一奇特的现象，原来她妈妈跟她爸爸离婚了，女儿是她这一辈子唯一的精神支柱，唯一心爱的宝贝，如果女儿失去，她一切都没了，所以她非常珍爱她的女儿，把女儿视为生命中的一切。在这个时候，她看见女儿快掉下来了，她就发挥她生命中的最大潜能，用尽生命中这股能量使她接住了她女儿。

类似这样的例子我们前面也讲过一个，它们都告诉我们，只要真正找到你所想要的，而且对它有强烈的渴望，愿意全力以赴去做它，任何事情都是办得到的。

我们试想，假如当时是一位邻居走在路上看见她女儿掉下来了，她的邻居会在一两秒之内跑过去吗？我想不太可能，她的邻居可能一跑，她的女儿就掉下来了，她可能心想自己跑不过去但已经尽力了，换任何人都做不到。

所以，身处低谷中的人，只要把冲出低谷当作是你生命中最重要的事情，把它当作你的女儿、儿子，甚至你的生命一样去对待，我相信你就能发挥你生命中的潜能。

记住，生命的潜能无极限，没有任何限制。

坚持不懈的努力

“锲而不舍，金石可镂。”这是古人留下的一句著名的治学格言，也是为世人推崇的成才之道。

其实，苦学不辍持之以恒，只是一个人成才的条件之一，而其他条件，譬如机遇、天赋、爱好、悟性、体质诸项也是缺一不可的。如果你研究某一学问、学习某一技术或从事某一事业确实条件太差，而经过相当的努力仍不见效，那就不妨学会“放弃”，以求另辟蹊径。

比如学弹钢琴，据统计，北京上海各有10万琴童，全国有多少，不得而知，估计不会少于100万吧！要是光弹着玩玩倒也罢了，可是实际上许多家庭都是认认真真把孩子当个钢琴家来培养的。很多夫妇自认为这一辈子就这样了，孩子无论如何也要让他成就一番事业，于是省吃俭用，给孩子置办了一架进口钢琴，立志要培养出一个中国的“肖邦”“李斯特”。再如高考，一年一度的高考风起云涌，一番拼搏，分出高下，几家欢喜几家愁。受教育资源限制，不论你如何“锲而不舍”，使尽浑身解数，录取率就决定了必然要有近一半的考生自愿或不自愿地“放弃”上大学的愿望。如果差距不大，偶尔失手，自然不妨秣马厉兵，来年再战；倘若成绩实在差距太大，再考几次也难有多大提高，那就应当机立断，学会“放弃”。有道是“成才自有千条道，何必都挤独木桥”，世界首富比尔·盖茨大学未毕业，大发明家爱迪生不过才小学毕业，照样不耽误人家成名成家，你又何必一条道走到黑呢。或许，你只退这么一步，便会海阔天空。

人生苦短，韶华难留。选准目标，就要锲而不舍，以求“金石可镂”。但若目标不适，或主客观条件不允许，与其蹉跎岁月，就不如学会放弃，“见异思迁”。如此，才有可能柳暗花明，再展宏图。班超投笔从戎，鲁迅弃医学文，都是“改换门庭”后而大放异彩的楷模。可见，如果能审时度势，扬长避短，把握时机，放弃，既是一种理性的表现，也不失为一种豁达之举。

生活在五彩缤纷、充满诱惑的世界上，每一个心智正常的人，都会有理想、憧憬和追求；否则，他便会胸无大志，自甘平庸，无所建树。然而，历史和现实生活告诉我们：必须学会放弃！

发现自己真正的需求

在墨西哥海岸边，有一个美国商人坐在一个小渔村的码头上，看着一个墨西哥渔夫划着一艘小船靠岸，小船上有好几尾大黄鳍鲔鱼。这个美国商人对墨西哥渔夫抓这么多高档的鱼恭维了一番，问他要多长时间才能抓这么多。

墨西哥渔夫说，才一会儿工夫就抓到了。美国人再问：你为什么不待久一点，好多抓一些鱼？墨西哥渔夫觉得不以为然：这些鱼已经足够我一家人生活所需啦！美国人又问：那么你一天剩下那么多时间都在干什么？

墨西哥渔夫解释：我呀，每天睡到自然醒，出海抓几条鱼，回来后跟孩子们玩一玩，再跟老婆睡个午觉，黄昏时晃到村子里喝点小酒，跟哥儿们玩玩吉他，我的日子过得充实又忙碌呢！

美国商人不以为然，帮他出主意，他说：我是美国哈佛大学企管硕士，我倒是可以帮你忙！你应该每天多花一些时间去抓鱼，到时候你就有钱去买条大一点的船，自然你就可以抓更多鱼。再买更多渔船，然后你就可以拥有一个渔船队。到时候你就不必把鱼卖给鱼贩子，而是直接卖给加工厂。或者你可以自己开一家罐头工厂，如此你就可以控制整个生产、加工处理和行销。然后你可以离开这个小渔村，搬到墨西哥城，再搬到洛杉矶，最后到纽约，在那里经营你不断扩充的企业。

墨西哥渔夫问：这要花多少时间呢？

美国人回答：15 至 20 年。

墨西哥渔夫问：然后呢？

美国人大笑着说：然后你就可以在家当大款啦，时机一到，你就可以宣布公司上市，把你的公司股份卖给投资大众。到时候你就发啦，你可以几亿几亿地赚！

墨西哥渔夫问：然后呢？

美国人说：到那个时候你就可以退休啦，你可以搬到海边的小渔村去住，每天睡到自然醒，出海随便抓几条鱼，跟孩子们玩一玩，再跟老婆睡个午觉，黄昏时晃到村子里喝点小酒，跟哥儿们玩玩吉他。

墨西哥渔夫回答：这种生活真好，不过我为什么要花几十年的时间去争取？我现在不就是过着这种生活吗？

人生中我们拥有的内容有时太多太乱，我们的心思太复杂，我们的负荷太沉重，我们的烦恼太无绪，诱惑我们的事物太多，大大地妨碍我们，无形而深刻地损害我们。

我们的人生要有所获得，就不能让诱惑自己的东西太繁多，心灵里累积的烦恼太杂乱，努力的方向过于分散。我们要简化自己的人生，要经常地有所放弃，要学习经常否定自己，把自己生活中和内心里的一些东西断然放弃掉。

如果我们永远循着过去生活的惯性、日常世故的经验，固守已经获得的功名利禄，想要获取所有的权钱职位，什么风头利益都要去争，什么朋友熟人都不愿得罪，这样我们会疲于应付，把很多时间和精力都花在无谓的纷争和无穷的耗费上，不仅自己的正常发展受到限制，甚至迷失自己真正应该前行的方向。

在人生的一些关口，我们的生命中会长出一些杂草——肿瘤，侵蚀我们美丽丰富的人生花园，搞乱我们幸福家园的田地。我们要学会对这些杂草予以铲除和放弃，放弃不适合自己的职业，放弃异化扭曲自己的职位，放弃暴露你的弱点缺陷的环境和工作，放弃实权虚名，放弃人事纷争，放弃变了味的友谊，放弃失败的恋爱，放弃破裂的婚姻，放弃没有意义的交际应酬，放弃坏的情绪，放弃偏见恶习，放弃不必要的忙碌压力。

放弃我们人生田地和花园里的这些杂草害虫，我们才有机会同真正有益于自己的人和事亲近，才会获得适合自己的东西。我们才能在人生的土地上播下良种，致力于有价值的耕种，最终收获丰硕的粮食，在人生的花园采摘到鲜丽的花朵。

放弃得当，是对捆绑自己的背包的一次清理，丢掉那些不值得你带走的包袱，抛弃拖累你的行李杂物，你才可以行装简便一身轻松地走自己的路，人生的旅程才会更加愉快，你才可以登得高行得远，看到更美更多的人生风景。

定律 7

自我察觉，情绪管理空间

别为小事烦恼

戴尔·卡耐基曾说：一般情况下，五个人当中就有四个人没能拥有他本来应有的幸福。并且他还说：不幸感往往是这些人心理最普遍的状态。我们不愿强调拥有幸福的人是多么稀少，但事实上，正在过着不幸生活的人，其数字却远远超出人们的想象。

对于任何人而言，幸福应该是最基本的人生目标之一。然而，幸福必须是赢来的。赢得它也并不十分容易，凡是想要得到它的人应该是具有坚强意志的人、知道正确方法而切实履行的人，也都是能成为幸福的人。

在火车的餐车上，有位太太身上穿着名贵的裘皮大衣，上头缀着璀璨夺目的钻石，然而不知是什么原因，她的外表看起来却总是一副不悦的样子。她几乎对任何事都表示抱怨，一会儿说："这趟列车上的服务实在差劲，窗没关严，风不断地吹进来"，一会儿又大发牢骚："服务水准太低，菜又做得难吃……"

不过，她的丈夫却与她截然不同，他看上去是一位和蔼亲切、温文尔雅且宽宏大量的人。他对于太太的举止言行似乎有一种难以苟同而又无可奈何的感受，也似乎相当后悔与她同行。

他礼貌地向沉默的同车人打了个招呼，同时作了一番自我介绍。他表示自己是一名法律专家，又说："我内人是一名制造商。"此时，他脸上露出一种奇怪的微笑。

听完他说的话，几位同车人感到相当疑惑，因为他的太太看起来一点也不像个企业家或是什么经营者之类的人物。于是，一位同车人不禁疑惑地问："不知尊夫人是从事哪方面的制造业呢？”

“就是‘不幸’啊，”他接着说，“她是在制造自己的不幸！”这位先生脱口而出的话一语中的，很贴切地道出了这种人的实际情况。

事实上，在我们的四周充满了这些正在为自己制造不幸的人。严格说来，这种情况实在值得人们予以关注，因为，那些足以破坏我们幸福的外在条件或因素已经太多了，如果我们还继续在自己的心中制造不幸的话，那么，真可以说是不幸之极。

人们之所以会给自己制造不幸，主要原因是由于自己心中存有的不幸想法所致。例如，总是认为一切事情都糟糕透了；别人之所以富有，肯定是拥有非分之财，而我们辛苦一生却没有得到应得的报酬；等等。

此外，不幸的想法往往会把一切怨恨、颓丧或憎恶的情绪深深地埋藏在心底，于是不幸的程度在日益加深。那位夫人拥有别人期盼的钻石，但是，她已拥有的财富并没有将她排除在自己制造的不幸之外，因为人们在制造不幸时，是因为自己内心的不满意，而与外界无关。

世界上没有一个人会因烦恼而获得好处，也没有人会因烦恼而改善自己的境遇，但烦恼却有损于人的健康和精力，甚至会毁灭生活和幸福。

一个把大量的精力和时间都耗费在无谓的烦闷上的人，不可能全部发挥他固有的能力，只能落得一个庸庸碌碌、无所作为的境地。烦恼这个东西会分散一个人的精力，阻碍一个人的志向，减弱一个人的力量，并真正损害他的健康。

烦恼对一个人的工作质量也会有十分明显的影响。在情绪出现紊乱的时候，人在自己的工作上绝无出色的表现，因为情绪紊乱会使人失去清晰思考和合理规划的能力。正常的大脑一旦被灌注了烦闷的毒汁，注意力就再也不能够集中了。

烦恼不仅会使人的心灵衰老，还会使人的面容衰老。

一个人若是整天处在烦恼之中，生命便会消磨得很快，有些人未到中年就已经显出衰老迹象，这种人大概就是这种原因所致。有些正当青春的女子，娇好的面容上却布满了皱纹，但这既不是由于她们做了苦工，也不是她们境遇困难，而是因为她们在日常生活中不断“享用”自己制造的烦恼。这些烦恼给予她们家庭的是不和谐、不快乐，给予她们自己的则是衰老。

对于我们普通人来说，驱除烦恼最好的方法，就是让自己常常保持一种愉快的心态，而不要只去想生活与工作的不幸。在烦恼的时候，我们还是要用希望来代替失望，用勇敢来代替沮丧，用乐观来代替悲观，用宁静来代替躁动，用愉快来代替愁闷就够了。那样的话，烦恼在我们的心灵中就无处生存。

请记住：谁都可能遇到挫折和烦恼，但是别天天愁眉苦脸，让自己成为一个“不幸”的制造商。

别让忧虑毁了你

成千上万的人因为忧虑而毁了自己的生活，因为他们拒绝接受已经出现的最坏情况，不肯由此以求改进，不愿意在灾难中尽可能地为自己救出点东西来。

心理忧虑是很多人无法摆脱的一种苦痛，其原因：一是竞争压力太大，二是没有良好的心理处方。成大事者处理忧虑的办法倒也很简单："接受我所不能改变的，改变我所不能接受的。"

有一个笑话，说的是有一个酒鬼疑心他在一次醉酒中把一个酒瓶子吞了下去，为此他整天忧虑不已，最后到医院强制要求开刀取出酒瓶。医生拿他没办法，只好给他开刀，然后拿出一个预先准备好的酒瓶骗他，不料他说他吞下的啤酒瓶不是那个牌子的，医生只好再开刀骗他一次。

1999 年，有个青年听信世界末日的传闻，拿出他辛苦多年的所有积蓄到一个酒店里大吃大喝，醉酒醒来后发现自己躺在医院里，原来他大醉后在路旁把自己摔伤了，幸亏好心人把他送到医院，否则，他真的就到了末日。

这种无根据的忧虑无异于杞人忧天，生活中一些糟糕的情况如果让你忧虑不已，这里倒有一个能有效消除忧虑的简单办法，这个办法是威利·卡瑞尔发明的。

卡瑞尔是一个很聪明的工程师，他开创了空调制造业，现在是世界闻名的瑞西卡瑞尔公司的负责人。而解决忧虑的最好办法，竟然是卡瑞尔先生在纽约的工程师俱乐部吃中饭的时候想到的。

“年轻的时候，”卡瑞尔先生说，“我在纽约州水牛城的水牛钢铁公司做事，我必须到密苏里州水晶城的匹兹堡玻璃公司——一座花费好几百万美元建造的工厂，去安装一台燃气清洁器，目的是清除燃气里的杂质，使燃气燃烧时不至于伤到引擎。这是一种清洁燃气的新方法，以前只试过一次，而且当时的情况很不相同。”

“我到密苏里州水晶城工作的时候，很多事先没有想到的困难都发生了。经过一番调试之后，机器倒是可以使用了，可是效果却不能达到我们所保证的程度。我对自己的失败非常担忧，觉得好像是有人在我的头上重重地打了一拳，我的整个肚子都开始痛起来，有好一阵子，我简直没有办法睡觉。最后，我的常识告诉我，忧虑并不能解决问题，于是我想出一个不需要忧虑就可以解决问题的办法，结果非常有效。我这个反忧虑的办法已经使用了三十多年。这个办法非常简单，任何人都可以使用。

其中共有三个步骤：

第一步，先不用害怕，但要认真地分析整个情况，然后找出万一失败可能发生的最坏情况是什么。即使是最坏的情况，也没有人会把我关起来，或者因此把我枪毙。

第二步，找到可能发生的最坏情况之后，让自己在必要的时候接受它，待真的发生最坏情况时，使自己马上轻松下来，感受几天以来所没体验过的一份平静。

第三步，在这以后就平静地把自己的时间和精力，拿来试着改善心理上已经接受的那种最坏情况。”

为什么威利·卡瑞尔的万灵公式这么普通却这么实用呢？

从心理学上讲，它能够把我们从那个巨大的心理阴影中拉出来，让我们不再因为忧虑而盲目地摸索；它可以使我们的双脚稳稳地站在地面上，尽管我们也都知道自己的确站在地面上。

应用心理学家威廉·詹姆斯教授曾经告诉他的学生说：“你要愿意承担这种

情况，因为能接受既成的事实，就是克服随之而来的任何不幸的第一个步骤。”

当我们接受了最坏的情况之后，我们就不会再损失什么了，也就是说，一切都可以从头再来。“在面对最坏的情况之后，”威利·卡瑞尔告诉我们说，“我马上就轻松下来，感到一种好几天以来没有经历过的平静。然后，我就能思考了。”

很有道理，对不对？可还是有成千上万的人，因为忧虑而毁了自己。

过去式的伤害记忆

前不久，我的邻居家里发生了一件“大事”：一位漂亮的大龄女孩，终于决定走上婚姻的红地毯，就在新婚前夕，她却神秘地在众人的视线里消失了。后来她的一位闺中密友告诉我，她之所以新婚“出逃”，是因为她曾被前男友强暴过，一直没有将实情告诉现在的男朋友，自认为无颜面对他的真情……而她却没想到这样“出逃”同样伤害了男朋友。

在这个世界上，谁都有过辉煌，同样，谁都有过悲伤。成功的喜悦是短暂的，否则沉浸其中会让我们驻足不前。悲伤的纠缠是漫长的，常常在孤寂的夜将我们包围。

我们常常追求圆满，其实，圆满只是标志着新的起点，宣告着我们的人生步入了新的高度。提着昨日种种千辛万苦，换来了今天的美满和幸福，在细细品味崎岖的过程后，在用自己的方法庆祝结果后，将喜悦隐藏，轻轻地告诉自己：新的道路，已经开启。尘封一次次的历史，让自己不断地升华。

而悲伤，是快乐最大的障碍。大到物质的匮乏，肉体的痛苦，感情的失意；小到一句流言，一次伤害，一点挫折，都会随时和我们相遇，困扰我们的心灵。作为一个人，要活出勇气，要活出气度，要活出潇洒。

物质的贫困还没成为自己生存的障碍吧？肉体的痛苦至少还不妨碍自己呼吸到新鲜的空气吧？感情的失意应该没有让自己否定整个世界整个人类存在着真善美吧？试问自己一句：消沉和悲戚，于事有何补？

别拿时间能抹去一切来宽慰自己，那样你付出的是十倍百倍的代价；别为了一点小事而气愤不已，那只能证明你的狭隘和偏激；别在生气的时候指望对方来企求你的原谅，那样折磨的永远是你自己；别做无谓的悲伤，那只是雪上加霜。

由于人生发生各种各样的不幸都是在所难免的，如何对付过去人生遇到的各种不幸？励志专家指出：把苦恼、不幸、痛苦等认为是人生不可避免的一部分。当你遇到不幸时，你得抬起头来，严肃对待，并且说："这没有什么了不起，它不可能打败我。"然后，你得不断向自己重复使人愉快高兴的一句话："这一切都会过去的！"

假如面对巨大的不幸，要自己宽容自己，这也许是最难对付的人生挑战。大多数人认为：宽恕他人比宽恕自己做起来要容易得多，其实没有任何一种惩罚比自我责备更为痛苦了。过去的事情就让它过去吧，因为你无法改变它了。记住：坏的东西可以引出好的结果，只要你吸取教训，你便能从中得益，就能克服危机。

而事实上，过去的已经过去，发生的一切绝不可能重来，你绝对不可能回到过去。这一事实太明显了，没有必要提及，过分提及，只能引发自己心理上的危机。如果你因过去的事情耗尽现在的时光而一蹶不振，那么抛弃过去的第一步便是放弃这样的态度。这里面包括改变自己对待现在的态度，而不是人为地努力消除过去确实发生的事情。

有的人因为爱人刚刚离去，自然会感到悲伤。这一损失所带来的痛苦，我相信是无法用语言来表达的。如果没有这种感觉，也就不是正常人了，或者说你的心理已遭毁灭。但是，如果你无限地陷于这种悲痛之中，不让自己摆脱悲痛，回到现实中来，那么你就是在做一件蠢事——使自己永远处于过去之中。可叹的是，这巨大的悲伤并不能唤回你的爱人！

有一个年轻人与朋友一起创业，几年下来赚的血汗钱，却一夜之间被他一直真心信赖的友人算计夺走了，那时他还很年轻，还有很多东山再起的机会，但他却被受骗受害的惨痛记忆折磨着，再跨不出成功的一步。还有一位女孩子，在高中时惨遭色狼强暴，此后，即被痛苦的记忆包裹着，不得不放弃学业，此后不再和男人交往，将自己完全封闭，过着黯淡的人生。

无疑，忘记是对痛苦的解脱。尽管忘记过去是十分痛苦的事情，但是，只要你因为过去发生的事情而损害了目前存在的意义，你就是在无意义地损害你自己。如果不学会忘记，让那些伤心事、烦恼事、无聊事永远萦绕于心头，在心中烙下永不褪色的印记，那就等于背上了沉重的包袱、无形的枷锁，就会活得很累、很苦。不愉快的记忆要舍弃，虽然很难，但总比一直被它折磨拖累要好。

你必须要自救，也唯有自救才可以救你。因为经历的人是你，没有人能完全将你救出，只有你自己。只有你清楚自己的心哪里最痛，哪里该止痛疗伤。你或许能得到他人的帮助，但关键还在于你要自己跳出火坑。如果我们善于忘记，把过去不该记忆的东西统统忘掉，那就会给我们带来心境的愉快和精神的轻松。当然，忘记过去并不意味着忘记你的记忆，它指的是忘记过去对自己没有意义的事情，而不是要你忘掉所有的过去，不是一票否决！

人不能总是沉醉于过去的回忆之中。懊悔过去的机会或留恋往日的美好时光，希望重温旧梦，你就会不断地扼杀现在。假如把人生比作一场梦，那么在今日之前，是做过的梦，在今日之后，是未做的梦。梦中的事情、经历，该牢记的则牢记，该淡忘的即淡忘，这样最好！昨天的辉煌并不能证明今天的价值，明天的灿烂也无法减轻今天的痛苦。一味沉浸在昨天影子中的人，未来必定不会属于他们。

所以，我们需要的是永远抓住今天，把全部的热情与心血都倾注到现在。无论是阳光灿烂还是阴雨连绵，无论是瑞雪纷飞还是狂风呼啸，该享受时就尽情享受，该拼搏时就奋力拼搏，该牺牲时就无畏牺牲。这样，你才能无愧于昨天，也无愧于明天，永远地把握住生命的脉搏。

在这个世界上，谁都会有或多或少的不堪经历，放开你的心结，调整好你自己，风雨过后就是彩虹。将这段不堪的往事从心底彻底抹去，重塑一个全新的自我，因为伤害已经成为过去。

适当地调节心情

一次，凯丽准备去探访一位从小一块长大的老友小莉。

一提起这个宝贝朋友，凯丽就不由得开心起来，因为自小到大，小莉都很懂得过日子，跟她在一块儿总是趣味不断，笑声不绝。

在小学时，有一天小莉突发奇想，决定要自己动手做饼干。于是她们三更半夜不睡觉，在厨房里凭想象力来烤饼干。最后她们终于大功告成，然而锅也就此报销！

又有一回，小莉嫌外面卖的衣服都很难看，于是两人搬来缝衣机，开始没日没夜地做起衣服来，做完迫不及待地穿上，竟然发觉左手不见了，原来她们把袖口也给缝死啦！

她就是这么个有趣的宝贝。

这次凯丽打电话告诉她准备来访，没料到她笑着说："今天是我的'睡衣日'，得穿睡衣在家闲逛，改天吧！"

"睡衣日？谁规定的？"

"我自己啊！"她说，"一个月有一个星期天是'睡衣日'，不但如此，我还有'不开车日''不戴表日'等的个人节日。"

凯丽明白了，这个人缘极好、情绪极佳的朋友为什么能一直活得这么有劲了，原来她平常就很懂得做"情绪环保"。

就如同自然环境需要保护，我们的心情环境，平常也是需要做环保工作来维持品质的。

预防胜于治疗，只要平时情绪环保做得好，心情就很难因外界风浪而变得混浊。

不妨学学小莉这位情绪高手，给自己一成不变的繁忙生活订出一些情绪假日。一个月挑一天，或是一星期一天，事先就安排设计好，来点不一样的新鲜感。

想到什么有趣的点子了吗？

不论是“不看电视日”“不戴表日”“不开伙日”“不打电话日”，等等，都是不错的想法。

自己打造创意，不但能改变枯燥单调的生活，调节心情，更会因为找回生活的掌控权而让人得意扬扬，快乐指数当然会直线上升，你怎么可能被坏情绪困扰呢？

积极战胜消极

动不动就做出一副“我内心好受伤”的惨样，似乎世界的末日因他受挫而来临，这种人离成功的路还有十万八千里！

痛苦会使痛苦者处于一种极端的状态，它有可能毁灭一个人。痛苦能打破一个人的心理平衡，使他陷入长期的内疚、愤怒、自责、苦难、沮丧，以及悲惨和顾影自怜的孤独之中。这个时候，痛苦是毁灭性的，它留给人们的不仅是脸上的皱纹，还有心灵上的创伤，甚至会夺走受害者的整个生命。

痛苦还会影响到一个正常人的判断力，它会使我们的生活处在混乱状况之中。陷于痛苦中的人，难以像平常人那样去对周围的事物作出准确评判，难以像平常人那样去享受生活中的种种乐趣。因此，当你不幸正处于失落、痛苦、悲伤时，千万不要惊慌失措，不要被痛苦表面的可怕影像所吓倒，以免自己的生活更加凌乱，一发不可收拾。

万一在你面临极大的悲伤与失落时，最好不要作出任何人生重要的决断，哪怕是环境需要或迫不得已时，也不要轻易作出马上搬家、换工作、再婚等生活中的重要决断。因为处于悲伤中的人，判断力往往不足，一旦你作出了错误的判断，又会导致你的坏情绪加重，形成可怕的恶性循环。

懊悔使生活不安，而已作出的选择又无法收回，所以我们在悲伤时的选择应该慎重一点！托夫勒在他的《未来的冲击》一书中写道：“人类有着高度的应变能力，却也有限度，不可能无限制地适应。”

当我们的生活突然改变时，包括突发性的、戏剧性的甚至是奇迹般的改变，我们都应该记牢多普勒所说的“心理稳定带”。稳定带能够帮助我们稳定情绪，维持生活常规，这就好比机器宜在一定速度中运转，不宜忽快忽慢。

因此，我们应该保持生活和心理上的稳定，并且要对生活中的其他方面，如睡觉和饮食习惯、娱乐和社交活动以及生活等方面的变化有心理准备。一般来说，那些能够带来太多变化的重大决断，在你身处痛苦时都应该暂缓。

悲伤、痛苦容易使人遗忘明显而重要的事情，特别是对于过去生活中那种舒适、安逸的体验。悲伤的人应强迫自己创造能使自己愉快的事情，这才是自爱行为，简单来说就是自我关怀活动。从悲伤、痛苦中挣脱出来进行心理复原，应该是一件完美而自然的事情。

就如同去放牧羊群，根本不必去控制它们，因为辽阔丰饶的草原已经能很好地滋养它们。同样，当人处于失落状态的时候，也需要心灵上的一处绿洲。悲伤的人如果真能追求到舒适与慰藉，那么失落感的阴影就不会笼罩他们。

所以战胜悲伤最可靠的方法，就是用信念和意志去战胜痛苦。

我们不会无限期地听从痛苦的摆布。我们能够忍受痛苦的限度和将要达到目的的重要性之间是要画上等号的。若一个人甘冒生命危险去得到一种满足感，其背后自有支持他这样做的正当理由，如：为了把心爱的人从危险中拯救出来，而甘冒生命危险；战时，许多人不惧怕死亡去保卫他们的国家。

当然，家庭也好，国家也好，其促使人们忍受痛苦做出的牺牲还是有限度的。一个人愿意为国家而牺牲自己的程度，取决于他认为这个国家是否值得他去做这种牺牲。信仰是一块礁石，周围是汹涌澎湃的大海；信仰是一个固定的点，周围的一切都围绕着它而转动。一个认真的人，对信仰保持坚定不移的人，时时刻刻都准备好为自己的信仰去忍受痛苦。可见，每个人生活中的一言一行都是由他的人生观来决定的。

我们常看到周围有些人深陷种种艰难困苦时，依然过得快乐而有自信。有些人更为了一种更高尚的目标，为了人类的未来，而不惜牺牲世俗的快乐，甚至为了人类而遭迫害也不在意。因此，当我们选择了信仰，也就选择了一种承担。我们之所以能克服坏情绪，是因为我们知道自己的信念是正确的，而且是自愿地去承受的。如果说我们甘愿经历痛苦，那是为了得到使我们一生中更加灿烂的东西。所有这些，就是用信念来治疗痛苦的含义。

痛苦是一种毁灭自我的力量，但是痛苦也为我们提供了一个磨炼的机会，尽管它使我们无法享受那种安逸的生活。有人曾说：“我相信，苍天不会给尚未经历过磨难的人太多的幸运。”的确，磨难使我们在苍天面前变得成熟稳重起来，这是在安逸的生活中无论如何都做不到的，所以人们常说：刀在石上磨，人在苦中炼。在与悲惨命运搏斗的当口，我们会感觉到自己完完全全地处于一种正在升华的意志之中。

只有经历过磨难的人，才能对生命有深刻的体认；也只有经历过磨难的人，才能够充分享受他对人生的美好祝愿。具有坚定、强烈的生命意志的人，才是不回避痛苦的乐观主义者，他们会心甘情愿地把痛苦当作生活的馈赠。他们会怀着这样的信念：即使人生是一杯苦酒，也要把它喝得有滋有味；即使人生是一场悲剧，也要把它演得有声有色；即使生活欺骗了自己，也要对生活怀着感激之心。具有坚定生命意志的人，会从自身寻找勇气和决心，置痛苦于不顾，一如既往地坚持自己的目标。这种坚定不移的精神可以移山倒海，甚至可以建立起一个国家。

改善你的情绪环境

闭上双眼，让你的心情驰骋……

做白日梦是我们都曾经做过的事。白日做梦，我们可能在心灵中看到一些影像，这就是情绪环境的影子。

当然，做白日梦与体验自己的情绪环境有所差别。做白日梦时，你是毫无目的地让心灵漫游，说不定你还浑然不觉自己在做白日梦。体验自己的情绪环境则是审慎设想，决定你想看的心中影像，使你成为自己内心戏剧的作者、制片与导演。

体验自己的情绪环境也包含其他感官知觉。当你看见心中图画时，你可能听到声音，闻到香味，接触到物品，品尝到味道。若你再描绘一处海岸，你可能听到也看到海涛，你也可能听到海鸥的叫声，或感受海风轻拂。若你弯下身，拾起一把海沙，当海沙从你指缝间纷纷撒落时，你能体验这份触感。

试试观想法。闭上双眼，花几分钟看看心中一处愉悦的情景，让焦点集中在其中的细节。若你的心像中有刺激这些知觉的细节，就可看、听、闻、触、尝。

在体验自己的情绪环境前，先花几分钟评估你想象的能力，评估你能创造个别情绪心像的程度。闭上双眼，深呼吸几次，放松心情，创造情绪心像。

想想某位与你接近的人士，看看这位人士的脸庞，想象这位人士在笑，看他（或她）脸上的表情；描绘你自己在童年时代最喜爱的家庭聚会；看见自己开车驶过一场暴风雨；想象一座湖泊，看看码头和湖面上的船只；看到自己在做一项简易的工作，像洗碗、割草、游泳、慢跑或散步；描绘一条忙碌的街道，注意其他人活动。

看见自己的心像有困难的人，至少可以发展出一种其他的强烈知觉。

你闭上眼睛，想象过去的一段愉快时光，注意你的感觉。接着转到一段不愉快的时光，留意你的感觉，最后回到愉快的情景。创造愉快情景时，试着想：这样的情景是一部影片或静止的画面？是明亮还是黯淡？是清楚还是模糊？是大还是小？是接近还是远离你？你自己是否在里面？

这些问题提供你如何处理经验的线索。有些人想象的不愉快事件是明亮、清楚、大、静止的特定镜头，他们清楚地看见自己在影像里；但他们却在黑暗、模糊、渺小、遥远中，看到自己愉快的记忆。若你也是倾向夸大不愉快的经验，看见愉快的影像却是渺小、模糊又遥远，那么，你产生许多不好的情绪当然是不足为奇的！

改变你的心像，以改变你的感觉。有些人发现，若使不愉快情景的鲜明心像变得模糊，他们心中强烈的不好感觉就减轻许多。还有人发现，以高速度“快转”不愉快的记忆也可使自己舒服许多。另外，有些人发现，做些有成就感的事，可减轻人们不愉快的感觉。

现在改变自己的心像，并观察你对情绪的影响。

创造一个愉快的情景（记得在你观想前，以深呼吸来放松自己），情景越鲜明越好。

用你的心像做下列各项改变，并看看何种改变或综合改变对你情绪影响最有效。

改变心像的方式。例如，若你的心像是静止画面，就改变成动画的画面。

改变心像速度。以慢镜头或快速前进做实验。若你的心像是一部影片，让它快转，再慢下来。

改变影片方向。把你的心像看成一部影片，让你的影片倒退放映，先慢后快。

改变心像明暗，让画面非常鲜明或黯淡。

改变心像焦点，让它非常清楚或非常模糊。在影像中注视自己。若你已经在注视自己，就把自己投射到影像里。

改变场地。若很遥远，就让它靠近，反之亦然。

创造一个不愉快的心像，使情景越鲜明越好。

以不愉快的心像试着做，目的是减弱你不愉快情绪的强度。

你发现了什么？什么样的改变对你的情绪有深远的影响？或者是综合改变最有效？何者较易于改变？是愉快或是不愉快的记忆？

改变负面的内心影像可以减轻坏情绪，有些人则发现自语的改变（从不理性到理性的想法）最有用。另外有些人则发现，对他们情绪最具影响力的是综合想象与自语。

当你想象时，留意你对自己说什么，并留意你自语的音量。也就是说，如果你“听”到自己的音量很低，就增加音量至你可以获得对自语的最有效的影响。若音量太“大”，使你无法集中在心像上，就将音量转到舒适的程度。其目的是加强正面的自语，减低负面的自语，最终消除负面的自语。

以想象描绘过去一段不愉快的情景，并倾听你的自语，调整自语的音量。之后以同样的方式，描述过去愉快的情景。你也能测试数个不同的愉快与不愉快的情景。

想象法可协助你在生活上做选择，而你所做的选择将决定你的情绪。看看你可以使用什么来丰富你的生活。

思考持续坚定着你理性想法的所有坏情绪。确实倾听你对自己说了什么，以及其他人对你说了什么。想象你和其他人是如何看待这些坏情绪的。

约一分钟后，停止心像，接着再重复整个心像两次。

建立一天三个心像时段，在各个期间重复整个心像三次。慢慢来，真实地经历这些结果，留心你的情绪，在各个期间，过程约需十分钟。

检验负面结果约一周后，选择一项新的、理性想法的正面结果。

创造并经历你的负面心像。接着，开始掌握并发自内心地大喊“滚出去”或“停止”。

以理性想法取代你的不理性想法，使用你的理性想法再次创造情景，想象所有可能发生的正面事情。看你自己处理一切问题。

当你用新理性想法创造心像时，留意你的新情绪。重复这个过程：创造负面心像，把它赶出去，以理性想法取代不理性想法，以你的新想法再次创造情景。

增加你的乐观。乐观主义者能从生活中获得较多的乐趣，因为他们相信最好的终于来临，失望只是生活中的小挫折。

另外，悲观主义者常常获得他们所预期的不愉快经验。当他们的负面预期并未实现时，他们通常是惊讶与不可置信，并对任何正面结果大打折扣：“好吧，这回结果还好，但是……”然而，乐观主义者容易以热情迎向每一天。他们可能较悲观主义者更容易唤醒正面心像。他们的心像是充满兴奋与期待的。

乐观主义者与悲观主义者的思维模式是不同的。乐观者观想愉悦的经验是强烈的，负面的经验则是模糊又遥远的，悲观者正好相反。乐观者摒除负面的思想与心像比倾向沉溺其中的悲观者更快速。乐观者采取的哲学是：“我宁愿做个偶尔犯错的乐观主义者，也不愿做个永远正确的悲观主义者！”

利用想象增加你乐观思想的方法有下列几种：

睡觉之前，想象隔天你可能会有的正面经历。让心像放大、鲜明、愉快，告诉自己你将要做的正面事情。

持续你前一晚的心像。

花些时间，想象你过去愉快的经验，让你的心像生动活泼，全神贯注在自己喜爱的记忆中。

当你察觉自己总是想着负面时，就回到你最喜爱的记忆中，体验美好的感觉，并继续你必须做的事。

当你察觉自己总是幻想着可能有什么毛病，就转用想象，想想生活中可能都没什么问题。

记住，凡你所选择去看、听、感觉的是特写、明亮的，将会支配你的焦点。

增加你的刺激。如何进行一项不愉快的工作？你的恐惧是必须要做的事实吗？或者只要你做了，就会完成的事实？显然，恐惧与喜欢产生不同的情绪。那些恐惧的人在工作完成期间，可能使用悲惨的情绪来拖延，造成他们觉得自己更糟。当期限迫近时，延迟可能导致焦虑，而焦虑可能刺激他们变得忙碌。虽然他们可能在期限之前完成工作，但当他们在工作完成前，一定是处于水深火热之中！

小珍不喜欢学期报告。她借故拖延到期限截止的前几天，渐渐地她变得非常焦虑、失眠、暴饮暴食，就像一个随时会爆炸的火药桶。虽然学期报告如期完成，而且她通常也得到很好的成绩，不过，她却痛恨这期间的每一分钟。由于她选择了将焦点转移到回避行为上，而非计划如何让工作完成，因而给自己找了许多麻烦。

小庭与小珍不同，她将焦点集中在工作完成之际，这样她的感觉是愉悦的。有些人发现，将工作分成数小段，如此每完成一段落，就会感觉很棒。虽然小庭并非很喜欢学期报告，但她表现出全然不同的态度。在作业到期之前，她订下每部分工作的限期。她借着观想她完成报告时会有多棒的感觉来维持她的刺激，而且在她每完成一部分之后，她会犒赏自己。

当你有一件不喜欢的工作要做时，试着去想想如何完成工作而不至于情绪低落。想象自己完成工作，并且喜欢这种感觉。若你让心像变得鲜明生动，你就可以从幻想中将那些情绪带回实际工作的完成上。

摆脱坏情绪的干扰

试看情绪对环境的影响。

不晓得你是否也觉得，自己情绪的好坏，其实是因相处的对象而异。

很不幸，通常我们跟一个人的距离越近，感觉越亲密，我们的情绪往往也就越低。

所以，在公司里，老板在众人面前训斥你，你俯首称是，感谢主管不吝教导；但一回到家，听见你的另一半轻声问为什么晚归，你就气得火冒三丈，当场翻脸。

好久不见的朋友询问你终身大事，你觉得温暖在心，感觉有朋友真好；但是同样的话如果出自老爸老妈口中，就感觉是干涉隐私，穷极无聊！

所以我们常说，我们能够给一个人最残酷的处罚，似乎就是让他变成自己的亲人。

到底这是为什么呢？为什么我们会“厚他人而薄家人”呢？

认真地说起来，可以归纳出几个原因。

首先，套一句某杂志的宣传语，我们自认有权“活在家中，做我自己”。

在外面不得已装模作样了半天，回到家里如果还得小心翼翼，甚至口是心非地度日，你想，这日子怎么能过得下去呢？

其次，对于家人，我们有着“你当然要懂我的心”的期望。

因为刚认识的外人也许会误会我的意思，而你们这些自己人跟我相处了这么久，怎么也可以有不明事理、扭曲污蔑我的想法呢？

另外，在外面忍气吞声了一天，心中可是累积了许多的不满及挫折感，这些未抒发的负面能量不断地膨胀，回到家时，自己就好像是快要沸腾的一壶水，只要找到一处宣泄口，后果就惨不忍睹了。

所以这种种因素加起来，也就容易发生亲人变仇人的惨剧。

然而，如果你仔细想想，就会得出这样的结论：这样“厚他人而薄家人”的做法，其实是非常不智的。

先不说别的，自己的家人绝对比外人重要。老板、客户还有朋友都可以再找，但自己的家人可是一辈子的牵挂，当然更应该格外珍惜彼此的关系。

其次，心理学上的研究也一再提醒你我，家庭生活经验在我们身心发展上所占的重要分量。家人在气头上的一句重话，比起外人的口出秽言，更容易对一个人造成难以修补的负面影响。

所以请善待你的家人，把最好的情绪表现留给他们。只要随时提醒自己，多一分耐心，你就不会情绪失控，而能把爱留给最该爱的家人。

情绪管理是有方法技巧可循的。

第一个小技巧：做个好梦入睡。

每晚睡前，你脑中的最后一个念头是什么呢？

你是否跟许多人一样，总是要看完晚间新闻或是电视上的深夜恐怖电影，直到眼睛实在睁不开了，才把自己拖上床睡觉呢？

要不就是特别喜欢在入睡前跟你的爱人争吵，然后气呼呼地翻身入睡？

如果不幸被猜中，你就错失了心情环保的重要时机了。

许多心理学家都认为，我们应该更重视睡前的心情及思想状态，因为只有这样才能充分利用心中的潜能，营造出有利的契机。

那句老掉牙的话“日有所思，夜有所梦”，也充分地说明入睡前的心思焦点，会对睡梦中的心智活动有着重要影响。

看来我们实在不该忽视每天的最后一念。

试想想，如果睡前的最后一个意念都是些不良内容，带着这些坏情绪入梦，第二天早上就可能带着这些残留的负面情绪起床，心情一开始就输在起跑线上，岂不亏大了？

请试着把每天的最后一念想成是支画笔，挥洒之间为明天的心情涂上底色，这下你就会了解睡前想法的重要性。

每日即将就寝时，可以听些轻松的音乐，做做肢体放松练习，再看本振奋人心的励志书，让自己在睡前保持乐观的心境。

另一个好方法则是闭上眼，来段加油打气的自言自语，自我激励一番：

“我将心平气和地处理公事……”

“明天的简报，我将顺利地完成……”

如此就能怀着希望入睡，迎向明天。

第二个小技巧：常念情绪口头禅。

为了避免让烦躁的情绪越煮越热，防患于未然的工作就显得特别重要。

不妨准备一些心情的口头禅，在自己情绪快要沸腾时，赶快把这些自制的心情口诀拿出来诵读，以此提醒自己：生活中还有其他更重要的事情，千万别一时气昏了头，做出丧心病狂的傻事。

跟你分享我自己的心情口诀：“心情最重要，快乐是第一。”

“心情最重要，快乐是第一。”如果今天碰到了有些怪怪的人，或发生了令人不耐烦的事，就赶紧在心里暗念这句口诀，重复几次之后，烦躁不安的情绪就能得到缓解了。

口诀真的这么好用吗？

没错，念口诀一方面可以让自己分心，不再钻牛角尖，另一方面也能提醒自己，要赶快从这些情绪中走出来。

此外，研究也发现，重复想着同一念头，会让意念集中，减少焦虑不安。

所以常念口诀，心情就会不错。

你的口诀是什么呢？

该你发挥创意，用心想想了！

第三个小技巧：让情绪也下班。

许多人会不自觉地把工作的情绪装在公事包中，一块儿带回家，所以进了门，当家人自你手中接过公事包，也就接收了各式各样的工作情绪。

不幸的是，多半的时候，这些情绪都是令人不悦的。

而当家人被我们的工作情绪所影响时，就成了被迁怒的无辜受害者。

你最爱的家人，当然应该得到更好的待遇。

很多人会说，这道理我也懂，可是就是做不到，怎么办？

那是因为已忙昏头的你，忘记该每天做转变练习了。

从职场回到家中，情境改变，心里情境也需同步转变。换句话说，身体下了班，心情也得下班。

让心情下班的方法，请试试下面的转变练习：

回家途中，听听轻松愉快的音乐，并且不再想公事。

到家时，先别急着进门，四处望望房子周围及社区邻里，看看今天有无不同的改变，比如门前的树开花了，隔壁大楼正在装修……

再做几个深呼吸，把工作压力带来的坏情绪排除，以免不慎带入家门。

或者坐在车内，打开音响、关上车窗，大声地做个呐喊练习，就开始“啊——”地呐喊起来。

没错，就是要你呐喊一番，因为呐喊有助于横膈膜呼吸，放松的效果奇佳。

同时，想想家人们今天的活动内容，比如下午去看父母亲，小孩今天参加演讲比赛，待会儿一见面，你就知道该从哪儿打开话匣子了。

如此这般转变后，让工作的归工作，家庭的归家庭，你就能两相得意。

第四个小技巧：关上电视，不要让坏情绪染上你。

你有没有算过，回到家后过了多久，会把家里的电视扭开？

根据报道，我们成人每天平均花 2.6 小时看电视。不过如果你往四周瞧瞧，恐怕也会发现，这个数字对身边许多人真是“大不敬”，因为它明显地低估了这些电视迷的功力。

看电视的确是个又方便又不费力的娱乐，不是吗？

电视迷们恐怕还会再加上一句："秀才不出门，要知天下事，就得看电视。"得意之情表露无遗。

如此说法也是有些道理的，在这个资讯爆炸的时代，谁要不能快、准、狠地掌握时局脉动，那就太逊色、太落伍了，这也难怪大伙儿总是终日深情款款地凝视电视机了。我就曾碰到过有些中学生，完全记不住学校语文、数学的上课时间，却能把电视节目的时刻表倒背如流。

不过，如果认真去研究一下每天出现在荧幕上的影像，你恐怕也会发现，我们接收了许多情绪垃圾，心情于是惨遭污染，当然情绪也就受到严厉的考验。

想来有趣，许多人总是没时间、没心情听朋友诉苦，怕把自己的心情搞坏，然而却能心甘情愿地任凭电视轰炸，摧残自己脆弱的情绪，很矛盾，不是吗？

看过量的电视还有另一大问题。研究发现，盯着电视被动地接受资讯会让人失去主动思考的能力，而且容易受到消沉、沮丧等坏情绪的袭击，这也是为什么电视看得越久，往往就越觉得迟缓疲倦之故。

所以，习惯与电视共度良宵的人，如果不能够慎选节目，不但会赔上自己的情绪，而且更可能有损心灵。

那该怎么做呢？

该把主控权找回来，谨慎地选择电视节目，别再边骂边看当受害者，勇敢地向电视说"不"。

如果看电视已成了你打发时间的习惯，那么就该动脑想想，还有什么活动更有助于身心健康，接着就快快远离沙发，也远离无聊！

就从现在起，决定有意识地开机关机，勇敢地摆脱坏情绪，我们一起开始，好吗？

定律 8

不要被所谓的规则而轻视

自荐成功的五种能力

公元前 258 年，秦军包围赵国国都邯郸。赵王派平原君出使楚国，与楚联盟抗秦。平原君准备带领 20 名精明强干、文武兼备的门客跟随。他精心挑选一番，只选出了 19 名，再也选不出合适的人了。这时门客中有个叫毛遂的走上前来，向平原君自我推荐说："我听说您将要出使楚国，准备带家中门客 20 人，现在还缺一人，希望您就把我当成其中的一员吧。"

平原君说："先生到我的门下几年了？"

毛遂说："已经三年了。"

平原君说："有才能的人在处世上，就像是一把锥子放在口袋里一样，那锋利的锥尖很快就会透出来。如今先生在我的门下住了三年，可左右的人没有称颂你的，我赵胜也没有听说你呀。这似乎说明你没有什么才能，先生还是留在家里吧。"

毛遂说："我只是今天才请求你把我装进口袋里去罢了，假如我这个锥子早一点进口袋里，早就脱颖而出了，难道仅仅只是露一点锋芒吗？"

平原君觉得毛遂的话很有道理，便抱着试试看的心理答应带毛遂与其他 19 人同去楚国。

到了楚国，平原君和楚王在朝廷上谈论合纵抗秦大事，毛遂等人在台阶下等候。他们从早晨一直谈到中午，竟毫无结果。其他门客对毛遂说："先生你上去谈一谈吧。"毛遂拿着宝剑，沿着石级，一步步走上去，对平原君说："合纵的利害关系明明白白，两句话就可以说完，可是今天太阳一出来就开始讨论，直到中午还没有结果，这是为什么呢？"

楚庄王问平原君："这人是干什么的？"平原君说："是我的门客。"楚王呵斥道："还不给我退下去，我正在同你的主人说话，你来干什么？"毛遂按剑上前说："大王竟敢如此呵斥我毛遂，凭借的是楚国人多吗？眼下，在十步之内，大王无法依仗人多势众，大王的性命就悬在我手中。我的主人在眼前，你呵斥我干什么呢？况且，我听说商汤凭方圆七十里的土地就可以在天下争王，周文王凭方圆百里的地盘，就使诸侯归附称臣，难道是仅凭他们的兵多吗？现在楚国有方圆五千里的土地，拿着兵器的将士亦有百万，这是你称霸的好资本，天下谁能抵挡呢？然而，事实上楚国却连连受辱。可是，只不过是秦国的末将，仅率领几万人马就起兵与楚作战，第一仗战就拿下了你的鄢、郢，第二仗就烧毁了你的夷陵，第三仗污辱了大王的宗庙，这是世世代代的怨恨，连赵国也为之感到羞耻，但是大王却淡忘了这种刻骨仇恨。合纵之事，主要为的是楚国，而不是赵国啊！你还有什么拿不定的主意呢？"

楚王被说服了，当场表示："是的，的确像先生说的，为保全我楚国的江山社稷，我们参加抗秦。"毛遂问："大王决定了吗？"楚王说："决定了。"毛遂对左右的官员说："请把狗、鸡、马的血拿上来。"毛遂捧着盛血的铜盆跪着献给楚王，说："那就请大王和我的主人平原君歃血而盟吧。"就这样，楚赵联合抗秦的盟约就确定了。

有人说毛遂"三年不鸣，一鸣惊人"是缘于其勇气与胆识，这话当然有一定道理，但其中不可忽略的是毛遂的真本事。假如毛遂没有对当时天下大势的了解，没有分析、判断的才能，而是光有勇气和胆识，他也肯定不能脱颖而出的。

自告奋勇挑大梁、担大任，这种勇气固然值得嘉许，但在迈出这一勇敢步伐之前，需要一点一点地积蓄自己的能力，以便拥有一副"好身板"。否则，那么重的担子，岂不会把你压垮？

1. 文字表达能力

文字表达能力。领导人才具有较高的文学表达能力，能促使自己的决策思想系统化、条理化、规范化，便于指导和改进全局的工作；能帮助自己更好地总结经验教训，抓好正反两方面的典型，推动面上的工作；还能使自己比别人更迅速地处理各种公文和材料，提高工作效率。随着形势的发展，社会对各类领导人才应具有的文字表达能力的要求也越来越高。我国一些发达地区在选拔中、高层次领导人才时，已经明确要求他们具备撰写论文的水平，并将这一标准列为对他们进行短期强化训练应达到的目标之一。

具备较强的文字表达能力，能使领导人才的各项基本素质不断趋于完善，从而最大限度地发挥潜能，使自己向着更高层次的水平发展。

2. 口头表达能力

口头表达能力主要包括在各种会议上的演说能力，对不同对象的说服能力以及在面对复杂情况的答辩能力。这三种能力恰恰是目前我国不少基层领导甚至包括一些高层领导所缺乏的。有些领导不善于在各类群众面前精辟地表述自己的思想见解，甚至讲两三分钟的短话也要秘书事先拟一篇讲稿；还有的上司在找下属谈话时，明明真理在手，却说服不了对方，有时候遇到发问竟然无言以对，缺乏起码的答辩能力。由此可见，要想担当重任就应具有一定的口头表达能力。而对于领导人才来说，不断有意识地提高自己的口头表达能力就显得尤为重要了。

具备出色的口头表达能力有助于提高和完善领导人才的组织指挥能力和疏通协调能力，做好思想政治工作。

3. 领导能力

领导能力由识人、育人、用人三部分构成。古语说“士为知己者死”，用现在的话来说就是“人为知己者用”。上司如果没有识英雄的慧眼，下属是绝对不会激起干劲的。时代要求领导者要以公平而客观的原则去评估选人，提拔真正有才能的人，这就是“识人”，是领导能力表现的第一个层面。发现了人才要在实践中培养，要激发他们的积极性，使之成为骨干力量，这就是“育人”，是领导能力表现的第二个层面。对人用而不疑，放手大胆地使用，并根据不同素质委以不同的责任，根据不同情况给予不同形式的指导，这就是“用人”，是领导能力表现的第三个层面。学会了识人、育人和用人，就掌握了领导艺术中的全部行动能力，无论你现在是否在领导位置，这些都将是你走向成功的重要因素。

4. 人际交往能力

天时、地利、人和是成功的三大要素。其中，天时不如地利，地利不如人和。的确，不管干什么，要想成功，人际关系是个不可忽视的因素。

在现代社会中人际交往的需要增多、机会增加，我们所要进行的任何事情都必须在与他人的交往中完成。人们交往时奉行一种公平利益原则，即互惠关系，交往双方应互相提供利益。

卡耐基大学曾对 1 万多案例进行分析，结果发现智慧、专门技术和经验只占成功因素的 15%，其余的 85% 决定于人际关系。哈佛大学就业指导小组调查的结果表明：数千名被解雇的男女中，人际关系不好的比不称职的高出 2 倍。其他许多研究报告也都证明，在调动的人员中，因人际关系不好、无法施展所长的占绝大多数。因此，良好的人际关系是一个人取得成功所必须具备的一种素质。

5. 公关能力

艾柯卡是美国著名的企业家之一，曾在美国民意测验中当选为“美国最佳企业主管”。他曾经担任美国福特汽车公司的总经理，后来却在另一家汽车公司克莱斯勒公司濒临倒闭时，就任克莱斯勒公司的总裁。

“受命于危难之际”的艾柯卡是怎样拯救这家奄奄一息的公司，从而创造出为人们所津津乐道的“艾柯卡神话”呢？他的法宝之一就是良好的公关能力。

当时的克莱斯勒公司产品品质不高，债台高筑，求贷无门，人浮于事，“就像一只漏水的船在波涛汹涌的洋面上渐渐下沉”。艾柯卡明白，要东山再起，重振企业，除了首先在内部大刀阔斧地改革，提高员工的士气外，必须尽快着手开发新型轿车，重新参与市场竞争，除此之外没有第二条路可走，可是当时的银行无一家肯贷款给他的公司。严酷的现实迫使艾柯卡向政府求援，希望得到政府的帮助，以便从银行贷到 10 亿美元的贷款。

消息传出以后，在社会各界引起了轩然大波。原来，美国企业界有条不成文的规矩，认为依靠政府的帮助来发展企业是不符合自由竞争原则的。面对眼前的困境，艾柯卡既没有泄气，也没有抱怨，他知道沟通比抱怨更重要。

他每天工作 12~16 小时，奔走于全国各地，到处演说游说；同时，又不惜重金雇请说客，游说于国会内外，活动于政府各部门之间。

在演说中，他援引史实，有根有据地向企业界说明，以前的洛克希德公司、华盛顿地铁公司和全美五大钢铁公司都先后得到过政府的担保，贷款总额高达 4097 亿美元。克莱斯勒公司在濒临倒闭之际请政府担保，仅仅是为了申请 10 亿美元的贷款，本来是不该引起人们的非议的。

接着，他又向新闻舆论界大声疾呼：挽救克莱斯勒正是为了维护美国的自由企业制度，保证市场的公平竞争。北美总共只有通用、福特和克莱斯勒三大汽车公司，如果因克莱斯勒破产而仅剩两家形成市场垄断局面，那还有什么自由竞争可言？

对于政府部门，艾柯卡则采取不卑不亢的公关策略。他替政府算了一笔账：如果克莱斯勒现在破产，会造成 60 万工人失业，全国的失业率会因此而提高 0.5%，政府第一年便必须为此多支付 27 亿美元的失业保险金及其他社会福利开支，而最终又将会使纳税人多支出 160 亿美元来解决种种相关的问题。艾柯卡向当时正受财政出现巨额赤字困扰的美国政府发问：“你是愿意白白支付 27 亿美元呢，还是愿意出面担保，帮助克莱斯勒向银行申请 10 亿美元的贷款呢？”

艾柯卡还为每一个国会议员开出一张详细的清单，上面列有该议员所在选区内所有同克莱斯勒公司有经济来往的代销商和供应商的名字，并附有一份一旦公司倒闭将会在该选区内产生什么样后果的分析报告。他暗示这些议员：如果因公司倒闭而剥夺你的选民的工作机会的话，对你的仕途是不会有什么好结果的。

艾柯卡的公共关系战略终于获得了成功，企业界、新闻界、国会议员都不再反对担保，美国政府也开始采取积极合作的态度。他终于得到了用于开发新型轿车的 10 亿美元的贷款。

3 年后，克莱斯勒公司开始扭亏为盈，第四年便获得 9 亿多美元的利润，创造了这家公司有史以来最好的经营纪录。

优秀的成绩单

一个人之所以成功自荐，在平时肯定是有过不同于常人的表现，或是显示了自己的才智，或是显示了自己的高尚品德。这一切，只是为日后的被提拔创造了条件，打下了基础，绝不是确保被提拔的保险资本。

如果你在提拔之前在工作上表现依旧，或是比平时稍显逊色，那么你就很难保证自己的锦绣前程。潜在的危险来自两个方面，一是上司的看法，二是同事的竞争。你过去之所以显得优秀，是相比原地位而言的。现在，你成了提拔对象，上司对你的要求肯定要高一些，如果你懒懒散散，上司可能会产生不满。这时，如果你的同事异军突起，突飞猛进地追上来，你的前途就难以捉摸了。

在工作上，你必须尽心地去干，不要出现失误。如果有可能，尽量做出一些令人赞赏的成绩来。如果你的岗位和所处的时机不利于出成绩，那你只有采取拼命干的战术，多承担一些别人不愿意干的工作，多做出一些牺牲和努力。例如，每天上班早来一会儿，晚走一会儿；节假日替上司开一些无关紧要的会议，替同事们值夜班、出勤；代上司或同事出一些远而无利的公差；上司交办的事情尽量在最短的时间内完成；基层单位的申请事项要尽快地给予答复；等等。总之，你要显得很勤奋，很辛苦，千万不要给人以清闲的印象，这样，即使没有取得显著的成绩，这一番劳苦也会赢得上司和同事们的好感，对你的晋升有益无害。

我们知道，只有成绩是实实在在的，大家都能看得见。为此，我们就要付出比别人更多的努力。

1. 肩负“一把手”的重任

某市有一位年轻的市委书记，当他向好友谈起他的成功之道时诙谐地说：我之所以成功，是因为我专拣别人不愿意干的职位。的确如此。当时，一些年轻人普遍厌恶政治工作，在职务安排上热衷于总经理、董事长、局长、厂长这些行政职务。他却不讲价钱，安心地当了企业党委书记。一年后，市委领导班子换届，要在全市的大型企业里选一名年轻的党委书记进市委常委班子，他以年龄优势入选。在常委内部分工时，他又担任了被人们认为不好干的纪律检查工作。他坚持原则、团结同志，成功地办了几个惩治腐败的大案，威信大增。时隔不久，市委书记突然病故，由于其他几位常委年事已高，无法接替。他的业绩突出，年纪虽轻，但在老同志的推举下，他顺理成章地肩负起全市“一把手”的重任。

2. 勤奋工作

一个成功的下属，应深深懂得“时间就是金钱、生命、效益”的道理。他的工作是高效率的，对于上司的指示或安排的工作马上执行，从不拖拖拉拉，互相扯皮。在他的词典里，只有“马上照办”“保质保量如实完成任务”的词句，而不是“研究研究”“明天再说”，拖而不办，“明日复明日”，工作积压，问题成堆。整日抱怨工作太重，却不积极去解决的下属绝非一个称职的下属。

某省举办了一期青年干部培训班。这个班结束后，毕业学员都被安排在各级领导岗位上。现在，职务最高的是副省级，最低的是副乡级。这位副省级干部在对同学们谈起他的成功之道时，只是简洁地说了一句话：埋头苦干，不介入任何人事派别。他的头脑非常清醒，他懂得，在仕途上即使再糊涂的上司，也需要几个能干事的下属。他明智地选择了“能干事的”这一角色，他成功了。

3. 热爱工作

社会上公认成功的人物几乎都有一个共同的特征：对自己所从事的工作的热爱和执着。大家所熟悉的万有引力的发现者牛顿、相对论的创立者爱因斯坦、电灯的发明者爱迪生、采摘“哥德巴赫猜想”王冠上明珠的陈景润，都为我们做出了榜样。一个优秀的下属懂得：只有“干一行，爱一行”，才能干好一行，出一行成果。即使这项工作有违初衷，一旦接手就要毫不犹豫地担负起责任，尽责尽职，干出实绩，而不是天天抱怨“我根本不喜欢这工作”“这工作太腻人了”，于是乎推卸责任，对工作缺乏责任感，敷衍了事。

大连理工大学毕业生曲德臣在刚走入社会时，也像许多青年人一样，非常“不走运”。他先是被分配到东北某市汽车运输公司，由公司分到下属的一个小厂。工作与他所学的专业不对口，让他在热处理机上管电镀；住的宿舍脏乱差，带有一股酸臭味，没有桌椅，只能拿两块板凑合；还没有电灯，晚上只好到车间看书。无疑，曲德臣置身在这样一种环境中，心里是不好受的，但他并不因此而恼火、抱怨、沮丧，而是加强学习，尽快适应工作。他的活不太多，一有空闲他就到别处帮别人干活，和大家打成一片。很快，大家有一个共同的印象：这个大学生没架子，有实干精神！

不久，厂里要买曲轴磨床，可到处脱销，派了几拨人跑了不少地方，都没有买到。厂长再派他去，他充分发挥能吃苦、脑子又活的优点，跑了瓦房店、大连、沈阳等地却没买到，最后他想到了军队单位。果然，他把厂里急需的曲轴磨床买了回来。厂长乐坏了，一把握住他的手，对办公室的人说：“怎么样，这样的人才确实不错吧？”

几个月后，原来只强调工作需要而不注意个人特长的厂长，主动提出：“你专业不对口，我们还是送你到大学进修一下吧！”“不走运”的曲德臣，由于能在框架的限制中寻找自由，获得了幸运女神的青睐。进修毕业后，他带着中国社会科学院经济学硕士的头衔被分配到中国化工进出口总公司。在新的工作岗位上，他依旧体现自己的本色——严于律己，工作出色，待人谦和，毫无研究生的架子，打水、扫地等杂活，同样做得很好，还被工会评选为积极分子，赢得了公司上下一片赞扬。第二年，公司决定在海南特区创办分公司，上司“点将”，一致同意让他独挑大梁。

在海南，曲德臣的进取不仅使自己获得发展，而且为公司打开了局面。新建公司的人员基本是一些刚毕业的大学生，由于业务不成熟，也没有提高业务的渠道，曲德臣决定从最笨也最实在的工作做起——分头挨户到各公司和业务部门联系，大家硬着头皮去闯。渐渐地，软头皮碰硬了，低本事提高了。这年秋天开广交会，只分给他们公司一个名额，而且没有洽谈场所，连一张桌子也没有。他们硬是挤进去，向别人借了一张桌子，用笔写上公司的名字，就与外商洽谈起来，居然谈成了 154 万美元的生意！如今，中化海南有限公司颇有名气了。曲德臣作为经理，已经是主管一家每年经营额达 1 亿元的大公司的企业家了。

曲德臣正是靠这股精神才创出一番事业，所以在当上经理之后，他告诫他的员工，要得到晋升就要有热爱工作的精神。

从以上我们可以看出，只要你把成绩拿出来，放到桌面上，大家都看见了，你想不晋升都难。

仁者见仁，智者见智

一般来说，真正的人才在某些方面的能力有超群之处，所以才能在单位的各项工作中起到特殊的作用，或解决单位的各项难题，或打开工作的新局面，从而给大家带来各种利益。

在出版界竞争激烈的今天，某出版社的效益一年比一年滑坡，职工的收入也一年比一年减少，职工人心不稳。年轻的编辑室主任小赵看到该社的图书发行量明显下降，就主动向上司提出，应当向个体书商扩大发行销路，并且拿出了一套具体计划。上司表示愿意考虑。为了使上司的兴趣变成决心，小赵提出，这项方案的实施由自己来承担，上司很快便同意了。小赵立下“军令状”之后，不辞辛苦，顶着酷暑烈日，骑自行车跑遍全城，将出书计划和选题中的优秀书目，向一个一个书摊、一个一个书商进行具体宣传和洽谈。有时为了使书商信任图书的社会效益和经济效益，往往要来回折腾十几次，终于使几家书商愿意合作，签订了代理销售的合同。一年之后，该出版社的效益大增，职工的收入也有了较大的增长。众望所归，年轻的编辑室主任很快就被提升为副社长。

任何上司都毫无例外地希望自己的下属是一个有才有识、有胆有略、有德有绩的人，这样也体现了上司用人得当、领导有方。上司对有成绩的下属往往备加赞赏和鼓励，视为自己的得力助手，甚至很快委以重任，迅速提升为左右臂。如果你一生碌碌无为，毫无建树，上司自然就会认为你能力有限，甚至丢了他的面子，果真如此，不仅你难以晋升，甚至现有职位也难保全。因此作为下属，必须不断开拓进取，做出实绩，这是利人、利己的事，何乐而不为?

正因为上司需要能做出成绩的人才，所以你要使上司觉得不能缺少你。不论有没有越级的上司作后盾，顶头上司始终掌握着你的命运，是不能不认真对待的人。而对待顶头上司的秘诀是：使上司感到不能缺少你。

要让上司感到不能缺少你，有正道和邪道。邪道是垄断某些消息和资料，让上司只有通过你才能了解周围和下边的情况。这样一来，你便成了上司的耳目，非你不可了。不过要成功，一定要走正道，真正做出实际成绩和表现，必然会得到上司赏识。所以千万不能假戏真做，一个劲地自欺欺人。

任何下属的作用都是帮助、协助上司达到其事业上的目标。要做到这一点，首先要认同上司的事业目标和工作价值。上司认为公司应快速增长，你不能认为要循序渐进；他认为语文文法十分重要，你写报告的文字就不能马虎。其次，要补他的死角位，他向外发展，你要守好大本营；他大刀阔斧，你要做些绣花功夫。只有把这一套功夫做好了，与上司相处才能如鱼得水。

埋没自卑

据说拿破仑亲率军队作战时，一支军队的战斗力便会增强一倍。原来，军队的战斗力在很大程度上基于士兵们对于统帅的敬仰和信心。如果统帅抱着怀疑、犹豫的态度，全军便会混乱。拿破仑的自信与坚强，使他统率的每个士兵增加了战斗力。

如果拿破仑在率领军队越过阿尔卑斯山的时候，只是坐着说："这件事太困难了。"无疑，拿破仑的军队永远不会越过那座高山。

有一次，一个士兵骑马给拿破仑送信，由于马跑得太快，在到达目的地之前猛跌了一跤，马就此一命呜呼。拿破仑接到信后，立刻写了一封回信，交给那个士兵，吩咐士兵骑自己的马，从速把回信送去。

那个士兵看到那匹强壮的骏马，身上装饰得无比华丽，便对拿破仑说："不，将军，我这一个平庸的士兵，实在不配骑这匹华美强壮的骏马。"

拿破仑严肃地回答道："世上没有一样东西是法兰西士兵所不配享有的。"

世界上到处都有像这个法国士兵一样的人，他们以为自己的地位太低微，别人所有的种种幸福是不属于他们的，自己是不配享有的，以为自己不能与那些伟大人物相提并论。这种自卑的观念往往成为阻碍他们前进的拦路虎。

一个人的成就，绝不会超出他自信所能达到的高度。无论做什么事，坚定不移的自信都是成功所必需的和最重要的因素。因此，我们要学会将自卑踩在脚底，昂起自信的头。

下面介绍一些具有规律性的、被实践证明了是行之有效的、克服自卑心理的方法。

1. 克服由于思想认识方面造成的自卑心理，即正确认识、恰当评价自己。

形成自卑心理的最主要原因是不能正确认识自己和对待自己，因此要改变自卑，须从改变认识入手。要善于发现自己的长处，肯定自己的成绩，不要把别人看得十全十美，把自己看得一无是处，而要认识到他人也有不足。也就是说，要培养自己的自信心理。我们可以这样做试验：经常回忆那些经过努力做成功了的事情；对一些做得不对的事情，进行自我暗示——不要紧，别人也不见得就能做好，自己再努力一下也许会把事情做好。另外，注意发现他人对自己好的评价。每个人总是以他人为镜来认识自己，也就是说人们总是根据他人对自己的评价来自我评价的。如果他人对自己做出较低的评价，特别是来自较有权威的人的评价，就会导致自己对自己认识不足，自己低估自己。因此，要注意捕捉他人对自己好的评价。事实上，不会所有的人都对自己做较低的评价，赏识、了解、理解自己的人总是有的，关键是要用心去捕捉，将捕捉到的好评价作为自我评价的系数，增强自信心。

2. 克服由于生理素质方面造成的自卑心理，即正确补偿自己。

人的身体是具有"用进废退"功能的：盲人失明，耳朵就特别灵；腿有毛病，手就特别灵巧。所以，当我们因生理有缺陷产生一种不如健康人的自卑感的时候，可以试着这样想：虽然我的眼睛看不见，但我的耳朵比你灵；单就生理素质而言，咱俩也是等量的，我并不比你矮半截。其实，人就是靠心灵称雄的。一个身体健康的人，如果头脑空虚，他不过是空有躯壳；一个病残的人，如果内心世界丰富，正如阴暗背景的闪光会更显得耀目一样，他更能得到人们的爱戴。可见，我们面对的主要问题是，首先要自己看得起自己，然后才能希求不被别人轻视。

3. 克服由于社会环境方面造成的自卑心理。

在任何社会中，农村人与城市人、较富裕的人与生活条件较差的人、学历高的人与学历低的人，他们在人格上是完全平等的，并没有高低贵贱之分，不存在天然的优越感与自卑感。

有的人因自己的工作环境不好，产生了一种自卑心理，即职业自卑感。例如有些清洁工、殡葬工、煤矿工以及个体劳动者等，他们觉得自己的职业不如别人，因而在与人交往中，不愿谈及自己的职业，甚至不愿报出自己单位的名称或工种，害怕别人瞧不起。克服和消除这种职业自卑心理，可以从以下几个方面去努力：首先，塑造自己坚强的性格。职业自卑心理的产生，与人们的性格特征有很大关系。一个人被自卑心理困扰，丧失进取心，这通常与其性格怯懦、意志薄弱有关；而那些自信心强、勇于进取的人，往往性格比较开朗、大胆、意志坚强。那些已经表现出自卑苗头的人，要注意通过锻炼、自我教育等方法，培养自己坚强的性格，还要学会保持心理平衡。自卑是心理失衡的一种精神状态，如果我们想改变它，就要在比较中认识自己，根据自身条件，提出心理要求，并经常及时地对自己的要求进行反思和调整。例如：我们可以利用自我平衡倾斜的心理，这要求我们能认识到任何职业都有特殊的作用，每一种职业都有无穷的奥秘，能够胜任它们都是很不容易的，也都是了不起的。经常运用这种方法调节心理，可以增强我们的职业自信心和荣誉感。

在有些人生活的环境中，重要任务和重要交往活动都由他人包办了，父母、兄长或团体领袖不要求他承担独立的交往任务，这就促成了他安于现状、依赖他人的个性。如果他心目中的权威人士，如父母、兄长、团体领袖认为他缺乏交往能力，他很乐意接受这种看法，并潜移默化地适应了周围的环境，最终的结果是他对交往缺乏信心。要克服这种自卑心理，就要增强性格的独立性，摆脱人们尤其是权威人士对自己的成见，努力让自己在交往中日益成熟起来。

4. 克服由于性格气质方面造成的自卑心理，即克服内向性格和性格孤僻。

心理活动倾向于内向的人沉静、稳重、处事谨慎，但他们反应缓慢、适应环境比较困难、顾虑多、交际面窄。内向性格和外向性格各有所长、各有所短，不能绝对地判断哪一种好。在社交方面，内向性格较之外向性格有更多的消极因素。例如，内向性格的人不喜欢把自己的悲欢告诉别人，他们宁愿独自去忍受或享受，这就很容易进入激情状态，使意识的控制作用降低、理智分析能力受到抑制，不能正确评价或控制自己的行为。内向性格的人要想逐渐变得外向，一要积极地适应和改造环境，让环境作用于人，使人的性格变化。我们要正确对待各种环境条件，以使我们的性格不论在任何情况下，都能得到良好的塑造。我们还可以多参加一些集体活动，主动与别人接触，锻炼自己的社交能力。二是自我调节并解决心理冲突。内向性格的人常常把痛苦、烦恼统统闷在心中，时间越长，性格越内向。因此，我们要学会宣泄，把苦闷向他人谈一谈，排遣掉，使心情变得轻松、愉快。三要培养多方面的兴趣和爱好。兴趣广则交际广，又能学到许多知识。培养多方面的兴趣、爱好和才能，有益于我们活泼性格的形成和发展。

有的人性格孤僻、不随和、不合群，这些人大致可分为两种类型。一种属于孤芳自赏、自命清高。他们觉得他人的行为习惯都是庸俗浅薄、低级无聊的，不值得与其接近，有点傲视一切的味道，不愿与别人为伍，即便有时想“迁就一下”“屈驾俯就”他人，也显得极不自然，别人也不愿意接受这种“俯就”，因此他们变得独往独来。另一种属于有某种特殊的行为习惯，即那些有怪癖的人，使别人难以接纳、不愿接触他。要克服这种孤僻的心理障碍，关键在于思想上的转变，不能只想到自己的优点和长处而对别人要求太严。即使自己在某一方面有一得之见、一技之长，也不能因此看不起别人。就整个社会而言，一个人的本事再大、知识再丰富，也永远是沧海一粟。每个人都有自尊心，别人不会因为你孤僻就特别仰求于你，相反，他们会更加瞧不起你。这样，你不但不会有收获，反而会带来心理负担。那些有怪癖的人，要努力改变自己的生活习惯，使自己成为一个受人欢迎的人。改变孤僻性格要有一种恒心和坚韧不拔的毅力，这是很不容易的，因为我们已经习惯了。但我们要坚信，性格是可以改变的，性格在主客观的相互作用中会产生变化。通过调整、改变生活环境和自己的行为，相信大家能自觉地克服不利的环境影响，培养出良好的性格。

5. 克服由于生活经历方面造成的自卑心理。

人们在遭受挫折后，可能会产生各种反应，如反抗、妥协、固执。有的人感受性高而耐受性低，挫折会给他们以沉重的打击，使他们变得自卑起来。当我们在交往中，受到别人的冷落和嘲讽时，不要回避、不要气馁，要冷静地分析失败的原因，采取积极的态度面对悲惨的厄运，勇于承受不幸。痛苦像刀，一方面割破了我们的心，使我们心里流血、眼里流泪；另一方面它又开掘出新的希望的泉水，使我们满怀信心从头做起。

彼得是个在美国路易州长大的年轻黑人，在没去加州前，他曾居住在 14 个不同的寄养家庭。当时的教会还在露天电影院聚会，心理医生彼德・克利就是在那里见到他。彼得有强烈的自卑感，克利则辅导他去正确地面对这些消极的思想。

一天，彼得突然对克利说道："你要知道我是个黑人，我们是比别人低一等的，我们是奴隶的后代。"

克利答道："你错了！其实你有胜人一筹的遗传呢。"

"这话是什么意思？"彼得接着问。

克利回答说："你和每一个在美国的黑人都可以追溯你们的祖籍到非洲大陆。你应该以你的根为荣，因为你是幸存者的后代。那些弱者还未离开森林就已经没命了，其他人或许死在船上，他们的尸体被抛进海里。那些活命的人大致可分为三类：一是智商比别人高，可以生存；二是身体比别人优胜，有过人的韧力；三是意志比别人坚定，不会轻易放弃。每一个在美国的黑人，他们的前辈都是最坚强、最优秀的，而你的血液里就流着这些优良的特质。"

几年后，彼得成了医生，取得了医学硕士学位。他能取得成功，原因在于他首先抛弃了自我贬低的阴暗心理，发挥了自己的潜质。

如果我们对自己的前途有更清醒的认识，如果我们对自己有更大的信心，那么，我们一定会取得更丰硕的成果。

对自己有一定的信心

冬子听说本市最大的民营企业近期在业务经理的职位上有一个空缺，决心毛遂自荐，向该企业的老总刘先生推荐自己担任业务经理。尽管冬子对自己的业务能力十分自信，但他对第二天的自荐行动总是有些胆怯。刘先生是当地的红人，也是冬子崇拜的优秀企业家。冬子除了在电视及报纸上领略过刘先生的风采外，并没有当面见过他本人，在他面前冬子有一种不自信的感觉，并害怕这种感觉使第二天的自荐不能自如地表达、推销自己。

冬子在自荐前的这种不自信的情况，相信大多数自荐者都有过。那么，有没有一种方法让自己自信起来？下面这个故事，或许能给我们一些启发。

几年以前，记者布里斯托到一位富翁家里做客。这位富翁拥有伐木和大型锯机的多项专利，邀请了许多报商、银行家和工商业巨头到一家著名旅馆的包房，介绍给大家一种锯床操作的新方法。酒斟得满满的，主人很快喝得酩酊大醉。

刚要开饭，布里斯托看见主人摇摇晃晃地走进卧室，突然在梳妆台前停住。考虑到自己也许能帮助他，布里斯托便跟着走进房间。布里斯托发现他正用两手抓住镜子顶端的边缘，凝视着镜子，像喝醉酒的人时常表现的那样咕哝着，随后他的话开始变得有条理了。布里斯托听到他在说："约翰，你这老家伙，这是你举办的晚会，你必须保持清醒！"他继续凝视着镜子中的自己，不断重复这几句话。整个过程只有五分钟，但他的醉意明显消退了。

在报社记者的生涯中，布里斯托曾观察过许多醉汉，但从未见过谁能这么快地恢复常态。当主人重新回到餐厅时，脸上虽然还带点红晕，但显然是清醒的。

宴会结束时，他又介绍了一个十分引人注目并令人信服的新打算。很久以后，当布里斯托对潜意识能力有了更充分的了解时，才对这种能使一个明显的醉汉变成十分清醒的主人的镜子技巧，有了真正的理解。

布里斯托将这种镜子技巧传授给成千上万的人，收效甚大。几年来，许多人到他这里来，要求帮助解决难题，大部分是妇女，她们几乎都是哭哭啼啼地叙述各自的遭遇。布里斯托做的第一件事情，就是让她们站在一人高的镜子面前，仔细看着自己，看着自己的眼睛，并告诉自己看到了什么：孩子还是勇士？她们的哭声很快停止了。这些事例使布里斯托相信，一个妇女在镜子前看着自己的时候，她不会哭泣——自尊、羞愧或者是出于对女性软弱观念的否认，使她们不再流泪。

许多了不起的演说家、传教士、演员、政治家都曾运用过镜子技巧。温斯顿·丘吉尔在做任何重要演说之前，总要站在镜子前正视一下自己；美国总统威尔逊也使用过这种技巧。我们把它称为增压方法。当你准备在大会上做演说时，在排练中使用这种镜子技巧，可以帮助你塑造出你的形象、把握好言词语调以及设想面对听众的情景。正视镜面，你可以极大地振奋精神，由此产生的力量加上言词的意义，便能迅速打动听众的潜意识。

如果你准备去访问一位极其顽固的主顾，或拜见一位曾使你感到害怕的老板，那么请运用镜子技巧，直到你相信自己能够做到不慌不忙为止。当你在镜子前站好，就反复对自己说，你会获得巨大成功，世界上没有任何东西能够阻止你。这种做法听起来似乎有些可笑，然而不要忘记：任何无意识的设想都会在生活中变为现实。

关于眼睛的功能，有过很多论述。眼睛被认为是心灵的窗户，不仅泄露你内心的思想活动，而且比想象的更能表达你的内心世界。一旦开始运用镜子技巧，眼睛就会产生一种你从未看到过甚至从未想到过的力量，而这种力量确实是你所具备的。由于眼神把信念的强度表露出来，你由此赢得人们的赞赏，也就在情理之中。爱默生写道：每个人的等级身份都确切地包含在他的眼睛里。眼神能反映出一个人在现实生活中所属的阶层、所处的位置。所以，要努力训练你的眼神，使之充满信心，而镜子则能很好地帮助你。

俗话说“扮演什么角色，就会成为什么角色”，没有比对着镜子扮演更有效的方法了。面对镜子时，我们不要掺杂虚伪的东西，不要矫揉造作，而是为了塑造自己，使自己成为向往的那种人。世界上许多杰出人物都曾借助镜子技巧来提高自己、完善自己，扩大自己在人群中的影响，为什么我们不可以仿效它，用它来为自己的特定目的服务呢?

改变你自己

俗话说：“人争一口气，佛争一炷香。”每个人都希望受人重视、受人尊重、受人欢迎，但有时又难免被人嘲弄、被人侮辱、被人排挤。生活给了我们快乐的同时，也给了我们伤痛的体验。而这就是生活，这就是我们需要面对的人生。生气不如争气，斗气不如斗志。智者只斗志不斗气，或者是不与人斗，只跟自己斗。

“人生不如意事十之八九。”当你在为梦想而努力时，也许会遇到困难。如果你斤斤计较，不能坦然面对，或抱怨，或生气，最终受伤害的可能还是自己。

要争气，就要有坚决为自己争一口气的毅力和气概。与其总生别人的气，不如学会自己争一口气。起点低，就要“高”给自己看看；事不顺，就要“顺”给自己看看。

有一位不出名的青年画家，住在一间小房子里，以给别人画人像谋生。

一天，一个有钱人看到他的画非常精致，很喜欢，于是就请青年画家帮自己画一幅像，双方约好酬劳是一万元。一个星期后，青年画家将像画好了，有钱人依约前来拿画。此时有钱人心里有了企图，他看那位画家年轻又未成名，于是不肯按照原先的约定付给酬金。有钱人心中打着如意算盘：“画中的人是我，这幅画如果我不买，那么绝没有人会买，我又何必花那么多钱来买呢？”于是有钱人赖账，他说最多只能花三千元来买这幅画。

青年画家没想到有钱人会这么说，这是他第一次碰到这种事，心里不免有些慌，费了许多口舌，向有钱人讲道理，希望这个有钱人能遵守约定，做个有信用的人。“我只能花三千元买这幅画，你别再啰唆了，”有钱人认为自己稳占上风，“最后，我问你一句，三千元，卖不卖？”青年画家知道有钱人的意图，心中愤愤不平，他以坚定的语气说：“不卖，我宁可不卖这幅画，也不愿受你的欺诈。今天你失信毁约，我将来一定要你付出 20 倍的代价。”“笑话，20 倍，是 20 万元耶！我才不会笨得花 20 万元去买这幅画。”

“那么，你等着瞧好了。”青年画家对有钱人说道。经过这一事件的打击，画家离开了那个伤心地，去别处重新拜师学艺，日夜苦练。功夫不负有心人，十几年后，他终于闯出了属于自己的一片天地，成为一位知名的画家。而那个有钱人呢？自从离开画室后，第二天就把画家的画和话忘记了。直到有一天，他的好几位朋友不约而同地来告诉他：“有一件事好奇怪哦！这些天我们去参观一位成名画家的画展，其中有一幅画不二价，画中的人物跟你长得一模一样，标示价格 20 万元。好笑的是，这幅画的标题竟然是贼。”有钱人一听仿佛被人当头打了一棒，想到了十几年前的画家。他一想到那幅画的标题竟然是“贼”，就感觉对自己的伤害太大了，他立刻连夜赶去找青年画家，向他道歉，并且花了 20 万元买回了那幅画。青年画家凭着一股不服输的志气，让有钱人低了头。这个年轻人就是毕加索。

由于毕加索经常在心里告诫自己，绝不能被别人瞧不起，因此他决定为自己争口气，他凭借自己的志气去挫对方的锐气，从而为自己赢得了尊严。

一个人不应该埋怨这个世界太势利，他应该埋怨自己没有志气。年轻人尤其渴望得到别人的尊重，但在别人尊重你之前，不妨先想一下：别人凭什么要尊重我？从这个意义上来说，一个人不受尊重，是因为他不那么值得别人尊重。鲜花和掌声只是他梦想中的荣耀，轻视和白眼却是他此时应该享有的“待遇”。想通了这个问题，人就比较容易变得心平气和起来，说不定还会因此而鼓起奋斗的勇气。

刚刚步入社会，我们的起点也许很低，也许正在做一份不起眼的工作，地位低，收入少，被人看轻，不受尊重。但是，重要的并不在于我们现在的地位是多么卑微，不在于我们手头的工作是多么微不足道，只要不甘心平淡，只要不想局限于这狭小的圈子，只要渴望着有朝一日突破这一现状，那么，我们最终有扬眉吐气的那一天。

人生必须渡过逆流才能走向更高的层次，最重要的是要永远看得起自己。这个世界并不是掌握在那些嘲笑者的手中，而恰恰掌握在能够经受得住嘲笑与批评，并不断往前走的人们的手中。不管你出身贵贱，学问高低，相貌美丑，只要你心中藏着一股气，一股不会泄的志气，你就能飞上天，成为一颗耀眼的明星。

什么叫作“志气”？卡耐基说：“朝着一定的目标走去是‘志’，一鼓作气中途不停止是‘气’，两者结合起来就是志气。一切事业的成败都取决于此。”李白说：“大丈夫一定要有闯荡天下的志向。”刘炎说：“君子的志向是造福天下，小人的志向是荣耀自身。”

总之，人活一口气。有了这一口气，许多看似无法解决的难题，往往会在你挺直的脊梁面前迎刃而解；没了这一口气，一点儿磕碰也会让你摔个大跟头，生存的路子也会越走越窄。

定律 9

时间会给你一个完美的答案

时机稍纵即逝

《易经·系辞下》中曾经说过：“君子藏器于身，待时而动。”

机遇往往稍纵即逝，所以在你发现机遇到来的时候，就一定要在最短的时间里下定决心，不能犹豫，不可彷徨，更不要前怕狼、后怕虎，否则时机很快就会消失，让你后悔一辈子。

苏珊·海沃德长得漂亮、苗条、性感。她的青年时代，正是好莱坞的主要制片公司发展的全盛时期。她像其他雪亮的童星一样，怀着成为好莱坞电影明星的梦想，当上了合同演员。她进入好莱坞的最初几个月中，面对的不是摄像机而是照相机。她穿着泳装，日复一日地摆弄出千姿百态，为广告照作模特儿。她那充满魅力的微笑，随着报纸杂志的广告传遍五湖四海。读者们，对她已经具有一种倾倒和渴望的感情。

然而，苏珊一直得不到当演员的机会。当她询问老板时，得到的回答总是：“耐心地等一等，总有一天会推荐你的。”

有一次，机会突然来了。派拉蒙公司在洛杉矶举行全国性的影片销售会，苏珊接到旅馆舞厅的通知。舞厅里来了很多电影院的老板和来自各州的商人。影星们进入舞厅之前，派拉蒙公司对自己的影片已进行过大肆宣传。

影星们一个接一个与观众见面。苏珊出场时，会场上发出了一片欢呼。她此前还没意识到这是一次机会。她面对观众，像对老朋友们一样微笑着说：“我知道你们都认识我，你们中有谁见过我的照片？”台下立即有许许多多的人举起了手。

“有人看过我在电影里的形象吗？”没有人举手，只有笑声。

苏珊趁热打铁，发问道：“你们愿意看我在电影中的形象吗？”

会场上响起了雷鸣般的掌声，代替了回答。

苏珊这一即兴拈来，大获全胜，于是她说：“那么，诸位愿意捎个话给制片公司吗？”

这是一次民意测验，那么多观众的代表想看苏珊在电影中的形象，制片公司的老板得到这一民意测验的结果，完全可以判断，如果请苏珊出演影片，此片一定走俏。

于是，苏珊不久之后便受聘出演，上了银幕，并且成了大明星。她在《我想生存》一片扮演的角色使她荣获了奥斯卡金奖。

一个人只有善于抓住机遇，才能在最佳时刻表现自己与他人不同的习惯和能力，才可以赢定人生。

现实是此岸，理想是彼岸，中间隔着湍急的河流，行动则是架在河流上的桥梁。在人生中，思前想后，犹豫不决固然可以免去一些做错事的可能，但可能会失去更多成功的机遇。

一个小男孩在外面玩耍时，发现了一个鸟巢被风从树上吹掉在地上，从里面滚出了一个嗷嗷待哺的小麻雀。

小男孩决定把它带回家喂养。托着鸟巢走到家门口时，他突然想起妈妈不允许他在家里养小动物。于是，他轻轻地把小麻雀放在门口，急忙走进屋去请求妈妈。在他的哀求下，妈妈终于破例答应了。小男孩兴奋地跑到门口，不料小麻雀已经不见了，他看见一只黑猫正在意犹未尽地舔着嘴巴。

小男孩为此伤心了很久，但从此他也记住了一个教训：只要是自己认定的事情，决不可优柔寡断。后来，这个小男孩成就了一番事业。

犹豫不决是避免责任与犯错误的一种方法。它有一个谬误的前提：不做决定就不会犯错误。希望做到至善至美的人，特别惧怕犯错误。他从没犯错误，一切事情都做得很完善，如果他对不起这幅完美的图像，强劲的自我就会垮得粉碎。因此，他认为做决定是生死攸关的事情。

错误谁都会犯。事情进展的过程，其本质就是一连串的行动、犯错误与修正错误的过程。导向鱼雷能够逐渐接近目标最终击中目标，是经过一连串的错误与不断修正错误达成的。你若总站立着不动，就无法修正你的方向。不做事情，你也无法改变和修正。因此，你必须考虑事情的发展趋势，预想各种行动方针的可能的结果，选择你认为最好的解决办法，并且大胆地去做，边前进边修正你的方向，不要害怕犯错误。

一个人不经过无数的大小错误，是无法伟大起来的。许多人在谈到他们的成功时，都认为自己从错误中比从成功中得到更多的智慧，时常从不想做的事情中找到要做的事情，而那些从不犯错误的人都不可能有任何发现。

爱迪生不断使用去除法解决问题。如果有人问他是否因为有太多的途径行不通而感到泄气，他一定回答说："不！我才不会泄气！每抛弃一种错误的方法，我也就向前跨进了一步。"

遇到问题，思考是必须的，但不要为思考耽误了行动。要知道，再聪明的人，也要有积极的行动。一旦决定了，就马上去执行，才能把握住最好的时机。

把焦点放在集中的地方

威廉·波音曾经是一个经销木材和家具的商人。在他观看了一场飞机特技表演后，迷上了飞机。于是，他决定前往洛杉矶学习飞行技术。但是，他买不起飞机，他的年龄也限制了他成为飞行员的可能。看来，要满足驾机遨游长空的愿望，只能自己制造飞机。波音冒出了如此大胆的想法。

通过各方面的学习，波音逐步地了解了飞机的结构和性能。有了一定的准备之后，他开始找人合作，共同制造飞机。

那时候，他们不但没有工厂，甚至连一个受过专门训练的制造工人也找不到。波音只好动员他那家木材公司的木匠、家具师和仅有的 3 名钳工进行组装——这简直形同儿戏，飞机能在这样的情况下制造出来？

但不可思议的是他们真的将飞机制造出来了。这是一架水上飞机，波音亲自驾着它进行试飞，并且取得了成功。波音的信心高涨，他索性将木材公司改成飞机制造公司，专心研制飞机。

威廉·波音虽然曾是著名高校耶鲁大学的学生，但他未毕业就离校了。这个中途辍学从事木材生意的人，居然试图和一些木匠造飞机，真是胆大妄为！然而，正是这个胆大妄为的家伙，成就了波音公司的辉煌巨业。现在，全世界每天都有数千架波音公司生产的飞机在蓝天上翱翔。

只有想不到，没有做不到。威廉·波音的故事告诉我们：我们可以做到任何事，只要我们把焦点放在“如何去做”，而不是想着“这是办不到的”。

在美国，一次飓风袭击之后，一个叫作巴尔的小镇有 12 人死亡、上百万元的财产损失。普克特和无线电台的副总裁鲍伯想利用在安大略至魁北克一带的电台帮助小镇上的灾民。鲍伯召集了无线电台所有的行政人员到他的办公室开会，他在黑板上写下 3 个并列的“3”，然后说：“你们想如何能用 3 个小时，在 3 天中筹到 300 万好去帮助巴尔的灾民吗？”会场一阵静默。终于，有人开口：“鲍伯，你太疯狂了，你知道这是绝对不可能做到的。”

鲍伯回答：“等等，我不是问你们——我们‘能不能’或是我们‘应不应该’，我只问你们‘愿不愿意’。”

大家都异口同声地说：“我们当然愿意！”

于是，鲍伯在“3、3、3”下面画了两条路，一边写着“为什么做不到”，另一边写着“如何能做到”。鲍伯在“为什么做不到”的那边画个大叉并说道：“我们没有时间去想为什么做不到，因为那样毫无意义。重要的是，我们应该集思广益，把一些可行的点子写下来，好让我们能达到目标。现在开始，直到想出办法来才能离开。”

又是一阵静默。过了好久，才有人开口：“我们制作一个广播特别节目在全加拿大播放。”

鲍伯说：“这是个好点子。”并且随手写下。

很快就有人提出：“这节目恐怕没办法在全加拿大播放，我们没那么多电台。”这的确是个问题，因为他们只拥有安大略到魁北克的电台。

鲍伯反问：“就是没那么多电台才要去努力，维持原议。”

这真的很困难，因为各个电台业务都相互竞争，照常理而言，是很难结合各个电台来一起合作的。忽然有人提议：“我们可以请广播界赫赫有名的哈维·克尔以及劳埃·罗伯森来承包这个节目。”

很快，就有很多令人惊讶的妙点子陆续出现。讨论后，他们争取到 50 个电台同意播放这个节目。没有人抢功，只想着能不能为灾民多筹些钱。结果，在 3 天内他们通过 3 个小时的节目，募捐到了 300 万元。

处处小心，事事谨慎

在我国历史上，历来是重农轻商、重仕轻商的情结。一个商人，做得再出色，也没有多高的地位。吕不韦出生于战国末年的一个富商之家，但他不满足于自己做商人，很是想做居庙堂之高的大官。

怎么去实现这个愿望呢？吕不韦看准了秦国押在赵国为人质的公子异人，认为这个落难的公子身上有一个巨大的机会。他自己若能帮助异人成为秦王，那么自己将来就可以凭借功臣的身份去分享成功。

作为商人世家的子弟，吕不韦的眼光可谓超凡脱俗。他发现了一个大馅饼不假，但要吃下去还得有一番“料理”，弄不好，这个馅饼能变成一个陷阱，反把自己吃得骨头都不剩。但吕不韦这个人确实很有才华与胆量，他并不畏惧这些。

根据《战国策》的相关记载，吕不韦先是找到落难中的异人，对他说：“公子傒有继承王位的资格，其母又在宫中。如今公子您既没有宫内照应，自身又处于祸福难测的他国，一旦秦赵开战，公子您的性命将难以保全。如果公子听信我，我倒有办法让您回国，且能继承王位。我先替公子到秦国跑一趟，必定接您回国。”异人听后，如同行将溺水而亡的人看见有人伸出了手，自然是高兴万分。这是第一步。

取得异人的配合后，吕不韦开始“下一盘很大的棋”。他必须游说秦国有一个合理的借口取消人质身份接收异人。怎么实现这一目标呢？吕不韦想到了王后华阳夫人的弟弟阳泉君。他找到阳泉君说：“阁下可知？阁下罪已至死！您门下的宾客无不位高势尊，相反太子门下无一显贵。而且，阁下府中珍宝、骏马、佳丽多得不可胜数，老实说，这可不是什么好事。如今大王年事已高，一旦驾崩，太子执政，阁下则危如累卵，生死只在旦夕之间。小人倒有条权宜之计，可令阁下富贵万年且稳如泰山，绝无后顾之忧。”阳泉君赶忙让座施礼，恭敬地表示请教。吕不韦献策说：“大王年事已高，华阳夫人却无子嗣，有资格继承王位的公子傒继位后一定会重用大臣士仓。到那时，王后的门庭必定长满蒿草，萧条冷落。现在正在赵国为人质的公子异人才德兼备，可惜没有母亲在宫中庇护，每每翘首西望家邦却无奈，极想回到秦国来只是奢望。王后倘若能立异人为太子，这样一来，不是储君的异人也能继位为王，他肯定会感念华阳夫人的恩德，而无子的华阳夫人也因此有了日后的依靠。”阳泉君说：“对，有道理！”便进宫如此这般转述华阳夫人。华阳夫人听了说：“哎呀，这事很要紧！”于是赶紧找到秦孝王，要求其向赵国讨要公子异人。这是第二步。

有了异人的配合，又有了接收方，吕不韦的第三步是怂恿赵国放异人回秦国。赵国当然不肯轻易将人质归还，于是吕不韦就去游说赵王：“公子异人是秦王宠爱的儿郎，只是失去了母亲照顾，现在华阳王后想让他做儿子。大王试想，假如秦国真的要攻打赵国，也绝不会因为一个王子的缘故而耽误灭赵大计，赵国不是空有这个人质吗？但如果让其回国继位为王，赵国以厚礼好生相送，公子是不会忘记大王恩义的，这是以礼相交的做法。如今孝文王已经老迈，一旦驾崩，赵国虽仍有异人为质，也没有资格与秦国相亲近了。”赵王想想，吕不韦的话倒也句句在理，就将异人礼送回秦国。

公子异人回国后，吕不韦的组合拳又开始上演。我们都知道，自古以来，宫廷内争斗复杂而又凶险，异人要从昔日落魄的人质变成显贵的太子，还得经过一些周折。吕不韦打的仍是华阳夫人的主意，他帮异人想了很多取悦华阳夫人的方法。有一次，他让异人身着楚服去晋见华阳夫人。华阳夫人原是楚国人，对异人的打扮十分高兴，当即把公子异人认为干儿子，并替他更名为“楚”。帮助异人稳稳地傍上华阳夫人这棵大树，是吕不韦的第四步。

有了华阳夫人这个干妈，异人出入宫中就很自由了。他因此而有了更多的与孝文王接触的机会。一次，异人乘孝文王空闲时，进言道：“陛下也曾羁留赵国，赵国豪杰之士知道陛下大名的不在少数。如今陛下返秦为君，他们都惦念着您，可是陛下却连一个使臣都未曾遣派去抚慰他们，孩儿担心他们会心生怨恨之情。希望大王将边境城门迟开而早闭，防患于未然。”孝文王觉得他说话极有道理，为他的见识感到惊讶。华阳夫人又乘机吹了吹枕边风，经常为异人美言，并劝秦王立之为太子。终于，秦王招来丞相，下诏说：“寡人的儿子数子楚最能干。”宣布立异人为太子。这是第五步。

公子楚做了秦王以后，任吕不韦为相，封他为文信侯，将蓝田十二县作为他的食邑。而王后被称华阳太后，诸侯们闻讯都向太后奉送了养邑。直到这时，吕不韦的这桩大买卖才宣告一个段落。

综观吕不韦导演的这场惊天大戏，我们会发现他具备非常高明的洞察力。看到一个机会在眼前，靠招招相接、环环相扣的过硬“功夫”，硬是一步一步地将机会的种子培育成甘甜的果实。

我们常常说要抓住机会，但机会有时候不完全在于你有没有发觉或有没有胆量去抓，而在于有没有足够的能耐去抓，所以，多学一些本事对抓住机遇是极为关键的。

人在开始做事前要像千眼神那样视察时机，而在进行时要像千手神那样抓住时机。“机会难得”有两层意思：一是机会珍贵，二是抓住机会有难度。好多人只认识到第一层意思，殊不知要抓住发现的机会也不是一件容易的事。

不同的目标和机遇

很久以前，有一个地方建起了一座规模宏大的寺庙。竣工之后，附近的人们就来寺庙祈福。但是新盖的寺庙没有佛像供大家参拜，众人就祈求佛祖给他们送来一个最好的雕刻师，雕刻一尊佛像让大家供奉。于是，佛祖就派了一个擅长雕刻的罗汉幻化成雕刻师来到人间。

雕刻师在两块已经备好的石料中选出了一块质地上乘的石头，开始雕刻。可是，他刚拿起凿子凿了几下，这块石头就喊起痛来，无法忍受雕琢的剧痛。

雕刻师劝它说："不经过细细的雕琢，你将永远都是一块不起眼的石头，无法享受至高无上的荣耀，还是忍一忍吧。"

可是，等他的凿子一落到石头身上，那块石头依然哀号不已："疼死我了。求求你，饶了我吧！我不要享受至高无上的荣誉。"雕刻师只好停止了工作。于是，罗汉就选了另一块质地远不如它的粗糙石头雕琢。

虽然这块石头的质地比第一块差些，但它因为自己能被选中，所以内心充满了激动之情，同时也对自己将被雕成一尊精美的雕像深信不疑。所以，不管雕刻师用刀琢还是用斧敲，它都以坚忍的毅力默默地承受过来了。

不久，一尊肃穆庄严、气魄宏大的佛像赫然立在人们的面前，大家惊叹不已，把它安放到了神坛上。

这座寺庙的香火越来越旺，日夜香烟缭绕，天天人流不息。为了方便日益增加的香客行走，那块怕痛的石头被人们搬去填坑筑路了。由于当初承受不了雕琢的痛苦，现在只得忍受人来人往、车碾脚踩的痛苦。看到那尊雕刻好的佛像安享人们的顶礼膜拜，享有至高无上的荣誉，它的内心总觉得不是滋味。

有一次，它愤愤不平地对路过此处的佛祖说："佛祖啊，这太不公平了！您看那块石头，它的资质比我差得多，它可以享受人间的礼赞尊崇，而我却要遭受凌辱践踏，日晒雨淋，您这么做太偏心了。"

佛祖微笑着说："它的资质是不如你，但是它的荣耀却来自那一刀一锉地雕琢之痛啊！因为你受不了雕琢之苦，所以才得到这样的命运！"

同样的两块石头，只因目标不同，结局自然也天壤之别。生活中的我们是不是也如那块最终被当成垫脚石的石头一样呢，只因为怕前路艰险，就不愿承受过多的挫折、痛楚，一味地安于现状，不求突破，最终被命运无情地捉弄，被抛弃在社会的最底层。殊不知，今天这样的结局正是自己曾经的选择啊！

定律 10

心态的决定性因素

位低不自卑，身高不自诩

俄国作家契诃夫曾写过一篇小说《小公务员之死》。说的是一个小公务员有一次去看戏，不小心打了一个喷嚏，结果口水不巧溅到了前排一位官员的脑袋上。小公务员十分惶恐，赶紧向官员道歉。那官员没说什么，小公务员不知官员是否原谅了他，散戏后又追上去道歉。官员说："算了，就这样吧。"这话让小公务员心里更不踏实了。他一夜没睡好，第二天又去赔不是。官员不耐烦了，让他闭嘴、出去。小公务员心想这下子得罪官员了，他又想法去道歉。小公务员就这样因为一个喷嚏，背上了沉重的心理负担。最后，他竟然死了。

这是一个看似荒诞的悲惨的故事，我们在为小公务员的死惋惜的同时，也为他的软弱和缺乏自尊而叹息。

古今中外留名千古，能够世代受人尊敬的人，都是能够在位卑时保持自尊的人，德国伟大的作曲家贝多芬就是其中杰出的代表人物之一。贝多芬在维也纳时，曾受到李希诺夫斯基公爵的倾慕和照顾，他感激公爵，但并不因此出卖尊严。一次，公爵要求贝多芬到他家为一批占领维也纳的拿破仑军队的军官演奏。贝多芬看不起公爵这种阿谀逢迎的态度，断然拒绝了。公爵凭他的地位和布施者的身份，一定要贝多芬演奏。公爵的傲慢冒犯了贝多芬的自尊，他冒着倾盆大雨冲出公爵的庄园，一回到家中，就把案头上公爵的半身塑像猛掷在地上，摔了个粉碎，并给公爵写了一封信。他写道："公爵，你之所以为你，是由于你偶然的出身；我之所以为我，是靠我自己。有公爵爵位的人现在有的是，将来也有的是，而贝多芬却只有一个。"

智利作家尼高美德斯·古斯曼说过：“尊严是人类灵魂中不可糟蹋的东西。”俄国作家陀思妥耶夫斯基也说过：“如果你想受人尊敬，首要的一点就是你得尊敬你自己。只有这样，只有自我尊敬，你才能赢得别人的尊敬。”

《三国志》中有云：君子上交不谄，下交不渎。意思是君子对地位比自己高的人不阿谀奉承，对地位比自己低的人不轻视怠慢。我们再来看一则小故事。

法国著名的电影明星洛依德将车开到检修站，一个女工接待了他。女工熟练灵巧的双手和俊美的容貌一下子吸引了他。

整个巴黎甚至整个法国都知道洛依德，很多人都为之着迷。为了能见到这位闪亮的明星，不少少男少女甚至日夜守候在他的住所。他们为得到他的一张签名而兴奋得尖叫，为得到他的一次握手而幸福得战栗；但这位女工却丝毫没有表露出惊异和兴奋。

“你喜欢看电影吗？”洛依德忍不住问道。

“当然喜欢，我是个影迷。”她手脚麻利，很快修好了车，“您可以开走了，先生。”

他却依依不舍：“小姐，你可以陪我去兜兜风吗？”

“不！我还有工作。”

“这同样也是你的工作，你修的车，最好亲自检查一下。”

“好吧，是您开还是我开？”

“当然我开，是我邀请你的嘛。”

女工上了车，车平稳地向前行驶。

“看来没有什么问题，请您让我下车好吗？”

“怎么，难道你不想再陪一陪我？我再问你一遍，你喜欢看电影吗？”洛依德有点吃惊。

“我回答过了，喜欢，而且是个影迷。”

“那你不认识我吗？”洛依德迷惑不解地问。

“怎么不认识，您一来我就认出您是当代影帝阿列克斯·洛依德。”

“既然如此，你为何对我这样冷淡？”

“不！您错了，我没有冷淡，只是没有像别的女孩子那样狂热。您有您的成就，我有我的工作。您来修车是我的顾客，如果您不再是明星了，再来修车，我还会一样地接待您。人与人之间不应该是这样吗？”

洛依德沉默了。在这个普通女工面前，他感到自己的浅薄与虚妄。

“小姐，谢谢你！你使我想到应该认真反省一下自己的价值。好，现在让我送你回去吧。”

无论你从事什么工作，住在什么地方，你与他人在尊严上是平等的。在城里人面前，你不必因为自己是农村来的就自卑，就缺乏自信；在普通人面前，你若是官员、老总，就更不应该骄矜、自恃，平易近人的人，本身就是一种有容乃大的大器之像。

每个人都应该尊重自己，并应该平等地对待其他人，不论他是强者还是弱者。

成功并不等于幸福

完美只是一种理想，人非圣贤，谁能有十全十美的完美之身。追求完美只能是得不偿失，只有坦然面对并接受自己的缺点，专心经营自己的长处才能获得成功。

美国著名的歌唱家卡丝·黛利有一副动听的歌喉，但美中不足的是她却长着一口特别显眼的龅牙，这使她在成名之前非常自卑。后来，在一次全国性的歌唱比赛中，她听从一位好心评委的劝告，比赛时不再考虑她的牙齿问题，而是全身心地投入演出。结果，这次比赛她凭自己的实力征服了听众和评委，终于脱颖而出。从此，卡丝·黛利就走上了歌坛。

梦中的情人也许会很完美，现实中的爱人却多少有些缺陷或者缺点；广告中的商品也许会很完美，真正用起来却往往不尽如人意。完美只存在于虚幻当中，而不完美却是一种真实。追求完美是一种十分饱的心态，在这种心态下的人会因为追求完美而劳累，会因为追求不到完美而伤心。

古人云：甘瓜苦蒂，物不全美。又云：金无足赤，人无完人。深味八分饱人生哲学的人，他们追求美好的事物，同时也能容忍美好事物中的二分不足。西施的耳朵比较小，王昭君的脚背肥厚了些，貂蝉有点体味，杨玉环略胖了些，赵飞燕又瘦了点……俄国哲学家、作家车尔尼雪夫斯基有一句名言："既然太阳上也有黑子，人世间的事情就更不可能没有缺陷。"

这个世界从来就没有完美过，冰川、洪水、战争、瘟疫、酷暑、严冬……在不完美的世界追求完美，是对世界的不认可不宽容，是对他人的不认可不宽容，同时也是对自己的不认可不宽容。这样的人最终成为孤独的人，生活在孤寂和焦灼之中。生活的目的在于发现美、创造美、享受美，而不该盯着不完美、不理想的事物苦苦折磨自己。

事事追求完美是一件痛苦的事，它就像是毒害我们心灵的毒药。因为这个世界本来就不是完美的，过去不是、现在不是、将来也不是，它本来就是以缺陷的形式呈现给我们的。我们如果事事追求完美，那无疑是自讨苦吃。所以哲人说：完美本是毒。

从前，一位老和尚想从两个弟子中选一个做衣钵传人。

一天，老和尚对两个徒弟说："你们出去给我拣一片最完美的叶子。"两个弟子遵命而去。不久，大徒弟回来了，递给师傅一片树叶说："这片树叶虽然并不完美，但它是我看到的最完整的叶子。"二徒弟在外面转了半天，最终却空手而归，他对师傅说："我看到了很多很多的树叶，但总也挑不出一片最完美的……"自然，老和尚把衣钵传给了大徒弟。

"拣一片最完美的树叶"，人们的初衷总是最美好的，但如果不切实际地一味找下去，一心只想十全十美，最终往往是两手空空。直到有一天，我们才会明白：为了寻找一片最完美的树叶，而失去了许多机会是多么地得不偿失。

世间许多悲剧，正是因为一些人热衷于追求虚无缥缈的完美，而忘却了任何一种正常的选择都可以走向完美。完美不是一种既定的现象，而是一种日臻完善的执着的追求过程。

拣一片最美的树叶，需要拥有一份理智，一份思索，一份对自身实力的审视和把握。

但提倡我们超越缺憾，并且在缺憾的人生中追求完美。缺憾可以当作我们追求的某种动力，如果我们能这样看，就不会为种种所谓的人生缺憾而耿耿于怀了！

有了缺憾就会产生追求的目标，有了目标，就如同候鸟有了目的地，即使总在飞翔，累得上气不接下气，有期望的目标，总是能够坚持下去。

如果事事追求完美，都要拼命做好，这会使我们自己陷入困境。不要让尽善尽美主义妨碍我们参加愉快的活动，而仅仅成为一个旁观者，我们可以试着将"一定做好”改成“努力去做”。

德国哲学家叔本华说过一句名言：“人们很少去想已经拥有的东西，但却念念不忘得不到的东西。”这句话真是发人深省。念念不忘得不到的东西，似乎是在追求幸福人生，其实却是在追求不幸人生。追求幸福的最大障碍，有时正是期望过于完美的幸福。

对人对物，要求八分如意即可。认可人生的不完美，是一种明智、客观的生活态度。

别让攀比成了你的绊脚石

每个人对幸福都有自己不同的理解，有些人视合家团圆为幸福，有些人视事业有成为幸福，还有些人视帮助别人为幸福。不过还是有一部分人不知幸福为何物，因为他们只知一味地与别人攀比，迷失了自己，最终都不知道自己想要什么。

所谓“攀比”，不是指一般的比较，而是“攀”住别人比较，是拿自己的“无”与别人的“有”、用自己的不足和别人的长足相比。这种人历来有喜欢攀比的习惯。大型的同学聚会上，女同学甲和女同学乙都各自为了面子，说自己的老公如何赚钱又如何对自己好。各自回家后，甲会对自己的老公说：唉，乙长得那么寒碜，怎么就命那么好，找了一个对她好得不得了的老公。乙回到家后，对自己的老公说：甲上学时成绩平平，看不出什么能耐，居然找了一个钻石王老五做老公！

当然，这些小故事是虚构的，但谁又会怀疑其真实性？不久前，笔者在报纸上看到一篇题为《年轻白领“施暴”指数增高》的文章，其中写道：“春节期间的聚会，让人们有了相互攀比的机会，一些人在聚会时发现不少朋友生活得比自己轻松，钱比自己挣得多，职位比自己高，于是他们感到失落、不平衡，甚至是愤怒，家庭自然成了他们发泄情绪、借题发挥的场所。”报道称：“妇联工作人员说，春节是家庭暴力的高发期，如今的‘问题人群’出现新变化——年轻白领人士增多。”你看，就一个春节聚会频繁一点，这种小事，有人就因为攀比心理而抓狂了。俗话说：人比人，气死人。现在倒好，还比“死”人了。

人与人之间总是存在着差距的，一味地攀比只会让自己陷入无边的痛苦之中，搞不清为什么有的人总是要与周围的人攀比。他买了房子，我还在租房住，心里不平。有那么一天自己也买了房子，又发现有的人房子比自己的宽敞，还是不平。与周围的人比，张三家的经济收入比我家多，李四的工作单位好，岗位好、工资高……瞪大了眼珠子死盯着别人，拿自己的次、少去比别人的好、多，心里就是不愿让别人比自己强，还总想着为啥我就不能比他们地位高、收入多、住房大……这种人活着才真叫累，处心积虑地想要事事比别人的好，绞尽了脑汁，费尽了心机，又伤脑，又烦心，最终结果还是难以如意。

如果我们安心享受自己的生活，不去和别人盲目比较，在生活中就会减少许多无谓的烦恼。下面这则寓言也许能生动地诠释这个道理。

有一天，一个国王独自到花园里散步，使他万分诧异的是，花园里所有的花草树木都枯萎了，园中一片荒凉。

后来国王了解到，橡树由于没有松树那么高大挺拔，因此轻生厌世死了；松树又因自己不能像葡萄那样结许多果子，也死了；葡萄哀叹自己终日匍匐在架上，不能直立，不能像桃树那样开出美丽可爱的花朵，于是也死了；牵牛花也病倒了，因为它叹息自己没有紫丁香那样芬芳；其余的植物也都垂头丧气，没精打采，只有很细小的心安草在茂盛地生长。

国王问道："小小的心安草，别的植物全都枯萎了，为什么你这小草这么勇敢乐观、毫不沮丧呢？"

心安草回答说："国王啊，我一点也不灰心失望，因为我知道，如果国王您想要一棵橡树，或者一棵松树、一丛葡萄、一株桃树、一株牵牛花、一棵紫丁香，等等，您就会叫园丁把它们种上；而我知道，您希望于我的就是要我安心地做小小的心安草。"

还是把自己的心态摆平吧，把攀比心理扔掉吧，全世界有 70 多亿人，你比得过来吗？

如果我们仅仅想获得幸福，那很容易实现；但如果我们希望比别人更幸福，就会感到很难实现。

定律 11

意念之间的思考

理性思考的核心

有理性的思考源自精神的正确使用。对于身处低谷中的人来说，最需要的是能够让头脑做出最大限度的运转，借着正确的判断做出高明的决定。

每一位成功者，都具有理性的思考或有条理的思想诀窍。但这并不表示他们讲话的技巧或方式高人一等，而是有更为根本的东西存在。也就是说，他们掌握了理性的思考诀窍。

理性的思考源自知识的积累和正确应用，具有这样思维技巧的人，才能让他的大脑最大限度地运转，并得到理想的结果。

一个人若想爬出低谷，就必须学会正确地理性思考。

首先，思想有条理的人，必能判断正确，从而做出高明的决定。例如在一个复杂的问题面前，你若能排除无关的事物，直捣问题的核心，你就有可能攻克问题。

其次，一个思想有条理的人，能以简明的方法，促使别人更了解自己。不论是什么样的机遇，一旦需要展现自己才能的时候，他们必能思路清晰、言简意赅地传达给大家，并能很快地付之于行动，因此也必然会获得良好的效果。尤其在竞争激烈的现代社会，能有效地表达自己的意念的人，成功的机会一定更多。

每个人都有可能把自己训练成为一名理性的思考者。虽然学会正确思考的过程是相当复杂的，但它基本上可分成四个阶段。若能仔细研究这些步骤，判断力必能获得相当的改善。拿破仑·希尔所提出的四个理性思考步骤，颇值得我们对此进行研究。

1. 找出问题核心

开始时必须了解造成低谷的问题所在，否则必定无法深入问题核心。有些人常常在定势思维的老路子上徘徊，做不了决定，原因就是没有找到问题的症结所在。犹如一道简单的数学题，如果不了解题目类型和方法，就无法解题。

一个简单的例子，如果有人因为靴子磨脚，不去找鞋匠而去看医生，这就是不会处理问题，没有找到问题的关键所在。从这里我们就可以理解，为什么去掉枝节、直捣核心是最重要的步骤了，否则，问题的本身和影子会扭成一团而理不清楚。有了问题时，就该想想这个例子，一定要把握住问题的核心。能够找出问题的核心，并简洁地归纳总结出来，低谷就已解决一大半了。

2. 分析全部事实

在了解到真正的问题核心后，就要设法收集相关的资料和信息，然后进行深入的研讨和比较，应该有科学家搞科研那样审慎的态度。解决问题必须采用科学的方法，做判断或做决定都必须以事实为基础，同时，从各个角度来分析辩明事理也是必不可少的。

例如，现在有一个简单的问题，为解决这个问题就在备忘录上列出两栏，一栏分别列出每一种解决方案的好处，另一栏列出各种方案的弊端，同时把与解决问题相关的事项全部记入。之后，就可以比较厉害得失，做出正确的判断。

一旦有关资料都齐备后，要做出正确的决定就容易多了。收集相关资料数据，对于理性思考的产生是非常重要的。

3. 谨慎做出相关决定

在做完比较和判断之后，很多人往往马上就能做出结论。其实，下结论不必过早，试着以一天的时间把它丢在一边，暂时忘掉。也就是说，在对各项事实做好评估之后，不妨把它交给自己的潜意识去处理，让这位“善于解决问题的老手”，帮助自己做出最后的决定。

或许，新的判断或决定就会浮上心头，等重新面对问题时，答案已出现了。

这时，还是不要立即并准备付诸行动。请冷静一下，现在应该考虑做个检验，由于经验的关系，潜意识所做的判断，还无法做到天衣无缝的地步。

4. 小型试验

一套思考方案在付诸实施之前，必须先做小型试验，以求从实践中检验出自己思考的正确与否。

不妨先对一两个人或两三种情况做试验，这样就能了解想法和事实有无出入。如有不符之处，要立刻修正。

做到这个地步，基本就算妥当了。经过以上的步骤，即事实的评价、拟定计划、小型试验等，然后就可导入最后的决定。在这样一个经过认真思考、分析做出决定并对其进行检验的过程中，就形成了一次有条理的思考过程。

思考问题的专注性

有些人常常懒于思考，或者说没有进行有突破性的思考，这就叫惰性思考。一个要试图爬出低谷的人，在这一点上头脑应该非常清醒，拒绝惰性思考。

世上有很多人常常认为自己很缺乏思考能力，这些人到底为什么会这般讨厌思考呢？

我们讨厌思考、不喜欢做决定的理由之一，就是因为我们必须聚精会神地关注在如何解决问题上。而解决问题就要涉及方方面面的关系和因素，这对于一般人来讲，是一件很“累”的事，因为它就像调动千军万马一样复杂。

在做判断时，我们会将眼前的问题全部集中起来，但这却往往是一个阻碍分析判断的绊脚石，其原因是我们的注意力很容易分散，飘移不定。一个人注意力的范围，事实上比我们所想象的要小得多。美国心理学家威廉阿姆·杰姆斯，对“注意力”就曾提出如下诠释：

“一般人的注意力并不是自发性的，仅仅能够维持片刻。而真正的注意力是自发性的，且能够持续不断，这是一种反复不停的在问题上唤起心灵的连续性努力。”

注意力就好像一只被锁链套住的小狗，很容易为新奇事物所分散。我们要将心思集中在解决问题的核心上却相当困难，大多数人在顷刻间便让注意力飞离了问题的核心。

当我们在做判断时，整个心思必须停留在特定的问题上。当然你也必须了解，事实上一个人的心思无法完全做到集中在整个问题上，所以我们的思考过程经常容易受到外界的影响。

因此，我们在思考某一问题时，应该将相关因素全部写出。

当我们拿出纸笔之际，应该能全面了解正在进行的事态。我们之所以对自己该决定的问题而未能做出决定的理由之一，就是深恐实行了自己所做的决定会惨遭失败，这个恐惧心理正是让我们迟疑不决的重要因素。一旦拿起笔纸，正视事情的存在，我们这种畏惧的心理就会自然消失。当我们消除了畏惧感之后，对于自己的决定也就不再存在疑惑了。

现实的恐怖，并不如想象的恐怖来得可怕。面对恐怖，越是了解其真面目，就越不会感觉它的恐怖之处。

要如何决定才是正确的呢？如果连自己也不知道的话，不妨试着将可以衡量的相关因素全部写出来。以一位准备“跳槽”的先生为例，将各种相关因素全部列出。

· 如果转任新职的话，每年可增加 1 万元的收入。

· 但我在原公司工作 10 年的资历势必牺牲。

· 我的年终奖金恐怕也就没了。

· 新公司的工作环境较好。

· 新公司的工作感觉较辛苦。

· 现在我的工作能力已到了目前薪水的界限。

· 我已 40 岁了，并不想去冒很大的风险。

· 我不想碰运气。

· 我喜欢认真工作的人，对于新公司的人际关系我并不是很了解。

· 新公司是成长性更为久远的公司。

将这些必须考虑的因素列出来，比其他任何方法更能帮助你做出明智的决定。这个技巧的确可以提供给你一个思考和判断的新基础。

只凭着空想而期望正确的思考结果是非常困难的，但只要将解决问题的想法写在纸上，便会很容易集中精神做出正确的思考。

因此，我们应将注意力集中于第一目标上。在第一目标找出之后，应清楚地写在一张明信片大小的纸上，然后把它贴在自己容易看见的地方，譬如洗脸台旁、梳妆台镜子上，甚至每天在睡觉前或起床后，面对它大声念一遍。也可利用脑子空闲的时候，来思考如何解决这件事情，并常常想象自己成功时的情景以鼓励自己。

如此持续一段时间之后，相信你会愈来愈感觉到自己正在走向目标的途中。但必须注意，这种方法肯定需要经过一段时间后才会显出它的效果和成绩，如果只做一两天，是不可能收到什么效果的。此外，必须以积极的态度从事这种强化欲望的方法，否则就没有意义了，而且任何一丝消极的意念都有可能让它前功尽弃。若想经常维护强烈的欲望，信心是不可或缺的灵丹妙药。但话又说回来了，灵丹妙药服下之后，也还是需要一段时间才能遍布全身。

经过一段时间之后，通过你的思考，卡片上的文字逐渐产生了变化——原本困难的问题已经转变成清晰的解决问题的思路，这便奠定了你走出人生低谷的基础。

头脑要时刻保持清醒

究竟怎样才能有效地发挥自己的强项并冲出人生低谷呢？这就需要你面对各种复杂的问题，做到头脑清晰，选择正确。

在任何环境、任何情形之下，都要保持一个清醒的头脑，要保持正确的判断力。在人家失去镇静手足无措时，你仍保持着清醒镇静；在旁人做着可笑的事情时，你仍然保持着正确的判断力，能够这样做的人才是真正的杰出人才。

一个一遇到意外事情便手足无措易于慌乱的人，必定是个思考尚未成熟的人，这种人不足以交付重任。只有遇到意外情况镇定不慌处变不惊的人，才能担当起大事。

在很多机构中，常见某位能力平平、业绩也不出众的职员，却担任着重要的职位，他的同事们都感到惊异。但他们不知道，领导在选择重要职位的人选时，并不只是考虑职员的才能，更要考虑到头脑的清晰、性情的敦厚和判断力的健全。他深知，自己企业的稳步发展，全赖于职员的办事镇定和具有良好的判断能力。

一个头脑镇静的伟大人物，不会因境地的改变而有所动摇。经济上的损失、事业上的失败、环境的艰难困苦都不能使他失去常态，因为他是头脑镇静、信仰坚定的人。同样，事业上的繁荣与成功，也不会使他骄傲轻狂，因为他安身立命的基础是牢靠的。

在任何情况下，做事之前都应该有所准备，要脚踏实地、未雨绸缪，否则，一旦困难临头，就会慌乱起来。当大家都慌乱，而你能保持镇定之时，这就给予了你极大的力量，你就具有了很大的优势。在整个社会中，只有那些处事镇定，无论遇到什么风浪都不慌乱的人，才能应付大事，成就大事。而那些情绪不稳、时常动摇、缺乏自信、危机一到便掉头就走、一遇困难就失去主意的人，一辈子只能过着一种庸庸碌碌的生活。

海洋中的冰山，在任何情形之下都不为狂暴风浪所倾覆，乃是我们应该学习的绝好榜样。无论风浪多么狂暴，波涛多么汹涌，那矗立在海洋中的冰山，仍然能岿然不动，好像从来没有被波浪撞击一样。这是为什么呢？原来冰山庞大体积的 7/8 都隐藏在海面之下，稳当、坚实地扎在海水中，这样就无法被水面上波涛的撞击力所撼动。冰山在水底既然有巨大的体积，当狂暴的风浪去撞击水面上的冰山一角时，冰山丝毫不动那也就不足为奇了。

一个人平稳与镇静的表现是其思想修养和谐发展的结果。一个思想偏激、头脑片面发展的人，即使在某个方面有着特殊的才能，也总不如和谐的思想修养更全面。头脑的片面发展，犹如一棵树的养料全被某一侧枝条吸去，那枝条固然发育得很好，但树的其余部分却萎缩了。

许多才华横溢的人也曾做出种种不可理喻的事情来，这可能是因为其判断力较差，缺乏和谐平稳的思想修养的缘故，而这都妨碍了他们一生的前程。

一个人一旦有了头脑不清楚、判断力不健全的败名，那么往往一生事业都会没有进展，因为他无法赢得其他人的信任。

如果你想做个能得到他人信任的人，要让别人认为你的头脑清晰、判断准确，那么你一定要努力做到件件小事都冷静对待，处理得当。有些人做事时，尤其是做一些琐碎的小事时，往往敷衍了事，本来完全可以做得好些，可是他们却随随便便，这样无异于减少他们成为冷静处事的人物的可能性。还有些人一旦遇到了困难，往往不加以周密的判断，而是只图方便草率了事，使困难不能得到圆满的解决。

如果你能常常迫使自己去做你认为应该做的事情，而且竭尽全力去做，不受制于自己那贪图安逸的惰性，那么你的品格与判断力，必定会大大地提高。

深思熟虑，自我修正

人对事物的认识总会受时间、空间的局限，而我们面对的是变化的、运动着的世界，因此，我们经常会遇到因考虑不周、鲁莽行动而造成损失的情况，所以我们遇事要“三思而后行”。要知道，许多矛盾和问题的产生，都是冲动、未经深思熟虑的结果。

冲动情绪往往是由于对事物及其利弊关系缺乏周密思考引起的，在遇到与自己的主观意向发生冲突的事情时，若能先冷静地想一想，不仓促行事，就会冲动不起来了，事情的结果也就会大不一样。

石达开是太平天国首批“封王”中最年轻的军事将领，在太平天国金田起义之后向金陵进军的途中，石达开均为开路先锋。他逢山开路，遇水搭桥，攻城夺镇，所向披靡，号称“石敢当”。太平天国建都天京后，他同杨秀清、韦昌辉等同为洪秀全的重要辅臣。后来又在西征战场上，大败湘军，迫使曾国藩又气又羞又急，欲投水寻死。在“天京事变”中，他又支持洪秀全平定韦昌辉的叛乱，成为洪秀全的首辅大臣。

但是，就在这之后不久，石达开却独自率领 20 万大军出走天京，与洪秀全分手，最后在大渡河全军覆灭，他本人亦惨遭清军骆秉章凌迟。石达开出走和失败的历史是鲁莽行动的体现，足以使后人深思。

1857 年 6 月 2 日，石达开率部由天京雨花台向安庆进军，出走的原因据石达开的布告中说，因“圣君”不明，即责怪洪秀全用频繁的诏旨，来牵制他的行动，并对他“重重生疑虑”，以致发展到有加害石达开之意，这就使二人之间的矛盾白热化了。

而当时要解决这一日益尖锐的矛盾有三种办法可行：一种办法是石达开委曲求全，这在当时已不可能，心胸狭窄的洪秀全已不能宽容石达开。一种是急流勇退，解印弃官来消除洪秀全对他的疑虑。这也很难，当时形势已近水火，如石达开真要解职的话恐怕连性命都难保。第三种是诛洪自代。谋士张遂谋曾经提醒石达开吸取刘邦诛韩信的教训，面对险境，应该推翻洪秀全的统治，自立为王。

按当时的实际情况看，第三种办法应该是较好的出路，因为形势的发展实际上已摒弃了像洪秀全那样相形见绌的领袖，需要一个像石达开那样的新的领袖来维系。但是，石达开的弱点就是中国传统的“忠君思想”，他讲仁慈、信义，他对谋士的回答是“予唯知效忠天王，守其臣节”。

因此，石达开认为率部出走是其最佳方案。这样既可打着太平天国的旗号，进行从事推翻清朝的活动，又可避开与洪秀全的矛盾。而石达开率大军到安庆后，如果按照原来“分而不裂”的初衷，本可以此作为根据地，向周围扩充。安庆离南京不远，还可以互为声援，减轻清军对天京的压力，又不会失去石达开原在天京军民心目中的地位，这是石达开完全可以做到的。但是，石达开却没有这样做，而是决心和洪秀全分道扬镳，彻底分裂，舍近而求远，独去四川自立门户。

历史证明这一决策完全错了，石达开虽拥有 20 万大军，英勇决战江西、浙江、福建等 12 个省，震撼半个中国，历时 7 年，表现了高度的坚韧性，但最后仍免不了一败涂地。

1863 年 6 月 11 日，石达开部被清军围困在利济堡，石达开决定用自己一人之生命换取部队的安全，这又是他的决策失误。当石军中部属知道主帅“决降，多自溃败”时，已溃不成军了。此时，清军又采取措施，把石达开及其部属押送过河，而把他和 2000 多解甲的战士分开。这一举动，顿使石达开猛醒过来，他意识到诈降计拙，暗自悔恨。

回顾石达开的失败，主要是个人决策的失误，他自不量力的行动，决定了他出走后不可能有什么大的作为。

当我们在做决定时，常会犯一个老毛病，就是“自不量力”地做一些吃力不讨好，甚至“赔了夫人又折兵”的事情。因此，在面临做出决定时，首先应先问问自己做这个决定到底是为什么？有什么目的？如果做此决定会产生何种后果？这样能促使你三思而后行，避免冲动。

其次，要锻炼自制力，尽力做到处变不惊、宽以待人，不要遇到矛盾就以“兵戎相见”，像个“易燃品”，见火就着。倘若你是个“急性子”，更应学会自我控制，遇事时要学会变“热处理”为“冷处理”，考虑各个选项的利弊得失后再做决定。

每个人都有他的一套做人的方法。一个人制定了自己的做人的方法后（或许应当说，一个人以他自己一贯的做人的方法做人），一定以为自己做的十分正确，否则他便不会这样做人了。

换言之，许多被公认“不会做人”的人，心里也许还以为自己会做人。

没有“自知之明”是自古以来的“人之患”，学做人必须克服此患。

人的一言一行、一举一动，都受自己的主观思想的影响，都以为自己做的一切都对。

所以，为人处事很重要的一课，是学会如何自我反省，认识自己所做的错误。

只有知错才会有改过的希望。

只有不断修正自己的错误行为，才更会做人。

问题是谁都懂得“发现别人的错”，却不知道自己的错（因为错与不错，由自己的主观去判断）。学做人，要先学会不断地检查自己的行为和检讨自己所做的错事，然后知错就改。

反之，这样做也有不利的地方，如果常常“在心里自己认错”，就会形成心理压力，对自己有压抑作用，久而久之，甚至使自己失去信心，因此，这种心态也要避免。

若想避免这种副作用，我们应当经常在心里反躬自省一些问题，不应该问“这件事我做错了什么”，而应该问“我如何才可以将这件事做得更好”。

后面的一句话，先承认了“这事可以做得更好”，于是使自己开始思索“怎样改进”这个有益处有建设性的问题。而且自己既然可以“做得更好”，也有助于增强自信心。

应当如何找出自己的行为错失和不会做人之处？笔者在此提出下列四点建议：

第一，既然你做人很成功，办事多能得到理想中的收获，仍然可以每隔一段时期检讨一下自己的行为，并想出在哪些方面你可以做得更好。

即使你很成功，相信在心底里仍然知道“许多事我可以做得更好”。这想法和后来想出的“做得更好”的方法，有助于反躬自省。

第二，做一件事而得不到心目中的结果时，应先假定那是因为自己有些地方做得不对，而不是因为“难以控制的外来因素”，不要一味地归因于客观因素。后一种想法是不会做人者的通病，而且常常这样想的人也很难学会做人。

第三，和别人交涉而发觉别人对你反应不好时，应主动想到过错可能在自己，即使过错在别人。别人讨厌你的时候，应当看看自己的行为有无不会做人之处，不应只怪别人有眼无珠。

第四，万一别人出言批评你，应当尝试虚心接受这些批评，然后反躬自省如何才能改进。

拒绝善意的批评和忠告不是英雄气概，而是怯于面对现实，使你失去正视错误和进步的机会。

经常用上面四种方法自我检讨，你就会更加懂得做人！